JN038600

Excelによる やさしい 統計解析

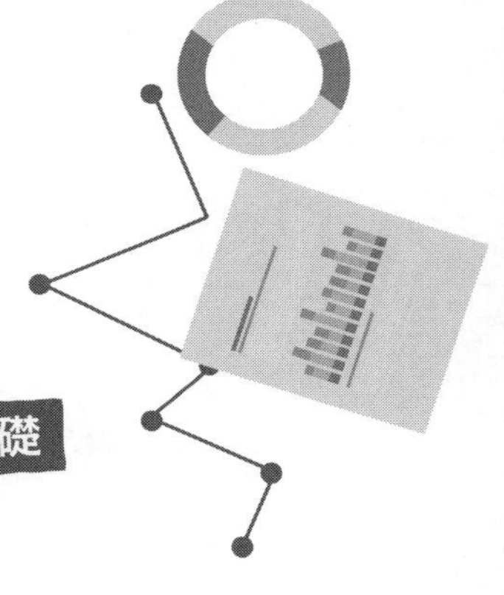

分析手法の使い分けと統計モデリングの基礎

荒川 俊也 著

まえがき

社会人ドクターとして博士後期課程に在籍していた時代の私の専攻は「統計科学」でした．しかし，統計は嫌いでした．企業の研修で統計のセミナーを受けたりはしたのですが，何というか，チマチマした感じで，重箱の隅を突いている感じがしたのです．

私が高校のときには，「確率・統計」という科目がありました．しかし，「確率」は学ぶものの，「統計」は，主に医学部に進学する学生が学ぶもので（あったように記憶しています），工学部に進学する私には縁がないものでした．大学の授業でも統計に関するものはなかったように記憶しています．もしくは，あったとしても，興味が無かったのか，受講しなかったのかもしれません．以来，統計には馴染みがなかったように記憶しています．

そもそも私の博士論文のテーマは機械学習で，「統計科学」専攻であっても，「統計らしい統計」はほとんどやらなかったのです．企業の本来業務としては自動車人間工学で，生体計測がメインでした．企業でも，「統計らしい統計」を使う機会は皆無でした．縁があって大学教員に転身して1年程度経ったある日，とあるセミナー会社から，「社会人向けに統計の講座をやってもらえないだろうか？」という依頼がありました．統計と言ったって，ExcelやRでt検定を使うくらいの簡単な数理モデリングをやる程度でした．つまり，統計の専門家でもないのに，「統計科学」専攻だったということで，依頼があったのでしょう．

それから数年経ち，私自身が勉強しながら人様に教えるということを繰り返しながら，色々なセミナーで講演をさせて頂くようになりました．そのような中で，本書の執筆の話を頂きました．書籍を執筆すると言っても，これまでのセミナーで話した内容をまとめるだけで大丈夫だろう，と，高をくくっていました．

実際に書き始めると，これが何と大変なことか！一旦セミナーで話した内容をまとめていると気に食わない言い方や表現があったり，さらに良い説明を思いついたりするもので，試行錯誤して，修正に修正を重ねているうちに，執筆を開始してから，2 年以上が経過してしまいました．何とか，少しでも，お役に立てる書籍に仕上げることができたのではないかと思います．

本書は，統計に対して苦手意識を持っている若手社員や，統計を学んで来なかったが，業務で統計を使うことになってしまった文系出身の方，統計についてまずは慣れておきたいという大学 1・2 年生を読者層として想定しています．基本的に数式は最小限に留めており，イメージや直感を重視した内容になっています．必要に応じて，理解しやすくするために数式を出していますが，基本的な数式や数学記号については，第 8 章（補遺）で説明していますので，安心して下さい．

また，本書は，途中で Excel を使った例題や演習問題を入れています．仮に，内容がわかりにくかったとしても，まずは手順通りに例題や演習問題をやってみて，慣れてみて，「こんな感じか」と感じた後で，本書の内容に戻ると，理解が深まるかと思います．

本書の特徴は，演習問題の解答を，できる限り丁寧に記載している点にあります．恐らく，手順通りにやれば，ほぼ同じ結果が得られることと思います．わからなかったとしても，もう一度見直して，解答通りに忠実にやることで，わかるようになると思います．本書は，一般的な参考書のように，理屈を把握してから演習で理解を定着させるという王道的なやり方だけでなく，まずは演習で手順を学んでから理屈を把握するというやり方でも大丈夫なようになっています．ご自身のやりやすい方法で読み進めて下さい．しかし，まずは，一度，手順通りにやってみて下さい．それから，「ひょっとしたこの部分はこのようにしても解けるのではないか？」とか，「この Excel の関数を使っても良いのではないか？」など，ご自身で色々と考え，別解を思いつくなどできるようになると良いのではないかと思います．あくまで本書で説明している手順や解き方は一例に過ぎません．

本書を執筆するにあたって，多くの方のお力添えを頂きました．愛知工科大学荒川研究室の学生には練習問題のチェックをして頂き，事務補佐員の杉浦和美さんには全体の校正に協力して頂きました．愛知工科大学基礎教育部門の小林直美准教授には，文系読者層を想定した本書の記述の妥当性や難易度についてコメントを頂きました．本書を執筆するに至ったのも，著者の，博士後期課程在籍時の指導教員である，統計数理研究所の宮里義彦教授，政策研究大学院大学の土谷隆教授のこれまでのご指導の賜物です．株式会社オーム社の津久井靖彦氏には，本書の出版に至るまで様々なアドバイスを頂きました．この場を借りて皆様に感謝申し上げます．

最後に，本書は執筆開始から出版までかなりの時間を要しましたが，その期間，いつ何時であっても，常に私を支えてくれた家族に感謝します．

2020 年 9 月

荒　川　俊　也

目　次

第1章

はじめに～統計の知識はこんなに大事！～

Google 社のチーフエコノミストであるハル・ヴァリアン氏が，「今後 **10** 年間で最もセクシーな仕事は統計学者だ」と述べたことで，多くのビジネスマンが統計学に注目するようになったと言われています．しかし，この発言がなくても，統計学とまでは言わないまでも，基礎的な統計処理は非常に重要です．なぜ，統計処理が重要なのでしょうか．

1.1 数値で傾向を明らかにすることが「統計」！

そもそも「統計」とは何なのでしょうか.「大辞林」にはこう書かれています.

（名）スル〔statistics〕集団現象を数量的に把握すること。一定集団について、調査すべき事項を定め、その集団の性質・傾向を数量的に表すこと。「―をとる」(三省堂　『大辞林第四版』より)

その他の辞書にもいろいろと書かれており，辞書によって表現の違いはあるものの，共通して,「集団の傾向・性質を数量的に明らかにすること」ということが「統計」と言えそうです.

1.2 なぜ統計が必要なのか？

「なぜ統計が必要なのか？」と問われたとしましょう．簡単に言うと，次の３つがその理由です.

(1)　大事なデータかそうでないかを見極めるため
(2)　これまで取ったデータに基づいて未知の量を予測するため
(3)　上辺だけの解析ではなく，踏み込んだ解析をするため

ひょっとしたら「そうではない，もっと違う理由で必要だ」と仰る方もおられると思います．あくまでこれらは筆者の考えであるので，悪しからず．

まず，**(1)** について説明しましょう．

近年，ビッグデータの時代と呼ばれています．ICT（Information and Communication Technology）の進展により，生成・収集・蓄積等が可能・容易になる多種多量のデータ（ビッグデータ）を活用することにより，異変の検知や近未来の予測等を通じ，利用者個々のニーズに即したサービスの提供，業務運営の効率化や新産業の創出などが可能とされています．得られたデータはクラウドで共有化され，使い手は自由にこれらのデータを活用することができるようになりました．特に近年はセンサによって得られる情報が膨大なものになっています．まさにビッグデータです．企業において実験主体の業務に従事されている方などはこのことを実感されていることと思います．

しかし，なんでもかんでも，いたずらにビッグデータだ，ビッグデータだ，というのは少々問題があると思われます．ただデータを取得するだけであれば難しい話ではありません．それこそ，実験主体の業務に従事されている方からすると，実験を行うことでたくさんデータを取得できたとすると，何となくそれだけでうれしいと感じてしまうでしょう．ですが，職場にデータを持ち帰っていざ見てみ

ると，今度はデータが膨大すぎて，どこから手を付けようか，考え込んでしまうこともあるのではないでしょうか．そもそも，取得したデータのうち，どのデータが重要で，どのデータが重要でないか，という見極めにも時間がかかるのではないでしょうか．

すなわち，何が大事なデータで，何が大事でないデータかを見極める必要があるのではないかと思います．そのためには，筆者は，データの処理の仕方や，統計処理の知識が必要になってくるのではないかと考えています．

もちろん，データは少ないより多いに越したことはありません．ですが，後々，何の役にも立たず，ただの邪魔なものになってしまう，という可能性もあります．

次に **(2)** についてです．

例えば，（よく用いられるであろう話ですが）気温とアイスクリームの売上について考えてみましょう．気温が低ければアイスクリームはあまり売れず，逆に，暑くなれば売れるであろうことは容易に想像できます．例えば，今日は気温が30°Cを下回り，例えば27°Cだったとしましょう．一方で，明日は，気温が30°Cを上回り，33°Cになる予想だとしましょう．アイスクリームは今日より確実に売れるはずです．在庫管理の観点から，不足が生じないようにするために，また，余りが出ないようにするために，明日どのくらいのアイスクリームが売れるか，予測できれば大変ありがたいです．

ですが，どのように予測しましょうか．これまでの気温と売上の関係，傾向か

ら予測するであろう，ということは容易に想像できるとは思いますが，予測した量と，実際に売れる量との間のズレが少ない方が良いに決まっています．直感でエイヤと決めるのも乱暴ですから，何らかの手法を用いなければ，ズレが大きくなってしまい，ひょっとしたらアイスクリームの個数が不足するとか，逆に，多く余ってしまう可能性があります．

このように，これまで取得したデータに基づいて，何らかの量を予測するというときにも，統計の知識を用いることができます．

最後に **(3)** についてです．

筆者がこれまでに経験してきた経験に基づくと，折角苦労して良いデータを取ってきたのに，単に平均値を求めて，「○○より上がった」「○○より下がった」と結論付けて終わり，という例がしばしば（というより意外に多く）見受けられます．気持ちはわからないではないのですが，データを取るにあたっては，実験準備を含めて，沢山の苦労を重ねたと思います．その結果，大したことのない結論で終わらせてしまうのは，もったいない気がします．本書で紹介する手法だけでなく，様々な統計的手法があります．これらをうまく活用することで，踏み込んだ解析となり，データの傾向・性質を数量的により明らかにできるでしょう．そして，そうすることによって，取得したデータも十二分に活用され，苦労も報われるのではないかと思います．

1.3 本書の対象読者と特徴

この書籍では，文系出身者を主な対象とし，統計の基礎知識を身に着けて頂くことを目的としています．筆者は様々な場で統計の基礎知識に関するセミナーの講師を務めることが多いのですが，食品業界や衣料品業界の方のニーズがあることに気付きました．「おや，食品業界や衣料品業界と言っても，理系出身なのでは？」と思っていたら，実は，大学は文系で，就職して業務で統計が必要になって困っている，という声が意外に多いのです．これまで数学をあまりやってこなかった状況なので，いきなり統計が必要になったとは言え，何から手を付けて良いのかわからないようです．この書籍は，そのような方を対象とした内容です（逆に，理系の方からすると，やさしすぎると思います）．

この書籍の特徴として，数式を最小限に抑えているということが挙げられます．

数学に馴染みの無い方は，やはり，数式を見ることに抵抗があるように思われます．そのため，基本的な数式であっても，極力使わないように心がけています．しかし，一部内容では数式を出さざるを得ませんので，ご了承頂ければと思います．なお，数式ベースでの理解も深めたいという方のために，第8章に，基礎的な数式についてまとめて掲載しています．

また，Excelを用いた演習も用意しています．基本的な考え方をある程度身につけて頂いたら，Excelで，実際の事例に即した例題で解析をして頂くことで，実務への活用の手がかりになることを期待しています．この書籍の読者の方が携わっている業務が多種多様であることを想定して，様々な内容の問題を掲載しています．さほど難しい内容ではないので，是非演習も積極的に挑戦してみて下さい．本書籍では，Excelの「分析ツール」を用いて解析を行いますが，巻末には，Excelの「分析ツール」のセッティングについても記載しています．

なお，本書での数字の記載については，次のようにしています．

(1) 数式による計算結果（答え）では，基本的には，途中の数式では小数点3桁目までを記載し，最後の計算結果（答え）は，小数点3桁目を四捨五入して，小数点2桁目までを記載しています．但し，図表などで小数点3桁目以降が記載されている場合は，途中の数式で小数点3桁目以降を記載している場合があります．
(2) Excelの関数や分析ツールによる計算結果を本文中で流用する場合は，筆者の環境下での表示（図中の表示）をそのまま記載しています．
(3) 例題において，アンケート結果や血圧の数値，金額など，一般的には整数で得られる値については，整数値で表示しています．平均値など基本統計量の算出では，(1)に則っていますが，例題文中で平均や分散の値を記す場合は，小数点1桁目のみ記載している場合があります．

特に，(2)と(3)については，実際に読者の方が違和感を感じないようにしたり，現実的な状況との乖離を感じないようにするためであるとご理解下さい[*1]．

[*1] 本来は有効数字を考える必要がありますが，本書は文系出身者を主な対象としていることから，小数点の桁数で考えています．

第2章

データの特徴をつかもう

ある菓子メーカーに勤務している若手社員が，新商品が現行のお菓子よりも美味しいことを統計的に示すように言われました．**30** 人の評価者に対して，「最も美味しい」を **10** 点，「非常にまずい」を **1** 点として評価してもらったところ，次のような結果が得られました．現行商品の平均点は約 **7.5** 点，新商品の平均点は約 **8.1** 点でした．「平均点が約 **0.6** 点上がっているので，現行商品より新商品の方が美味しいと感じているようです」と報告しようとしていますが，果たしてこの報告を真に受けて良いのでしょうか．

評価者 No.	1	2	3	4	5	6	7	8	9	10
現行商品	7	9	7	7	9	8	8	7	5	8
新商品	9	8	10	9	8	8	10	8	9	8

評価者 No.	11	12	13	14	15	16	17	18	19	20
現行商品	6	8	7	8	7	7	8	6	7	10
新商品	8	7	8	8	9	8	8	7	8	8

評価者 No.	21	22	23	24	25	26	27	28	29	30
現行商品	9	7	9	8	7	8	8	6	7	8
新商品	7	7	7	7	7	9	6	9	9	8

2.1 データには種類がある～「質」と「量」～

まずは，得られたデータが，どのようなデータであり，どのように分類されるかを確認し，特徴を把握しておく必要があります．そのために，まず知っておかなければならないのは，我々が扱うデータは大きく2種類に分けられる，ということです．「質的データ」と「量的データ」というものです．

まず，「質的データ」とは，単に分類や種類を区別するためだけのもので，例えば，好きなスポーツ，血液型，運動会の順位などが例として挙げられます．その一方で，「量的データ」とは，数字の大小に意味があり，例えば，枚数，身長，金額，個数など，数値で推し量ることができるものが例として挙げられます．

そして，これら「質的データ」と「量的データ」それぞれ，さらに2つに分類されています．まず，質的データとは，「名義尺度」と「順序尺度」に分類されます．「名義尺度」とは，他と区別して分類するための名称のようなものであり，「好きなスポーツ」や「血液型」などが例として挙げられます．一方で，「順序尺度」とは，順序や大小に意味はあるものの，間隔に意味が無いものである．言い換えれば，間隔に意味がないため，足し算ができません．当然引き算もできません．このようなことが大きな特徴と言えるでしょう．選挙の順位を例として挙げましょう．選挙の順位の場合，1位は，2位や3位よりも良い成績です．しかし，「1位+2位=3位」というようにはなりません．

一方で，量的データは，「間隔尺度」と「比例尺度」に分類されます．「間隔尺度」とは，目盛りが等間隔になっているもので，その間隔（数値の差）に意味があるものです．例えば，気温やテストの得点が例として挙げられます．気温の場合，20°C から 1°C 上昇すると 21°C になったと言えますが，10°C から 20°C になった場合，気温が 2 倍になったとは言えません．「比例尺度」とは，0 が原点であり，間隔（数値の差）と比率に意味があるものです．例えば，身長や速度が挙げられます．身長の場合，身長が 150 cm から 30 cm 伸びると 180 cm になったと言えますし，身長が 1.5 倍に伸びたともいえます．

以上より，質的データと量的データ，および，それぞれのデータに対応する尺度の関係は表 2.1 のように表されます．

では，なぜデータの性質を理解しておく必要があるのでしょうか．それは，データによって演算の方法が異なるからです．質的データ，つまり，名義尺度と順序尺度は，データに対して加減乗除ができません．一方で，量的データについては，間隔尺度は足し算と引き算ができ，比例尺度は加減乗除全てできます．もし，データの性質を理解せずにいると，折角取得したデータに対して，間違えた演算を行おうとして，無駄な時間を費やす可能性があります．

それぞれのデータの性質を表 2.1 にまとめておきます．

表 2.1 それぞれのデータの性質

	尺度	性質	例	使用できる演算
質的データ	名義尺度	他と区別，分類	好きなスポーツ 血液型	分類 ヒストグラム
	順序尺度	順序や大小に意味ある 間隔に意味ない	選挙や運動会の 順位	分類 ヒストグラム
量的データ	間隔尺度	間隔に意味ある	温度計 知能指数 西暦	分類 ヒストグラム 和，差
	比例尺度	間隔と比率に意味ある	身長 体重 速度	分類 ヒストグラム 和，差，積，商

ちなみに，「間隔尺度と比例尺度の見分け方がわからない」という方が意外と多く見受けられます．しかし，この見分け方にもコツがあります．見分け方のコツとしては，「0 に意味があるかないか」ということです．例えば，間隔尺度のように，温度や西暦は「0 には意味がある（存在は否定されない）」ものであり，比例尺度のように，身長や速度は「0 は本当に『無い』（存在が否定される）」もので

あると解釈すれば良いです.

2.2 》 データを取ったらまず「ヒストグラム」を作ろう

さて，皆さんが実際に解析に必要なデータを取ったとして，ノートやExcelなどに数値データとして書きとどめておいたとしましょう．しかし，数値の羅列だけでは，そのデータがどういう傾向なのか，あまりピンと来ません．我々は，何事においても「可視化」するとイメージしやすくなる傾向にあり，データについても同じことが言えます．そこで，ヒストグラム（histogram）というものを用いて，取ったデータを可視化することで，傾向を把握しやすくすることができます.

ヒストグラムとは，連続する何かを区切ったものに対する個数（度数と言います）のばらつき具合を示すグラフです．度数分布とも言います．例えば，表2.2のような，テストの点数のことを考えましょう．テストの点数は，大抵，1点刻みです．0点の生徒が何人いて，1点の生徒が何人いて，…という集計の仕方でも良いかも知れませんが，このままでは，どの位の点数を取った生徒がどの程度いるのか，点数のばらつきはどの程度か，ということが，よくわかりません．もう少し，大雑把な傾向を把握したいとしましょう．例えば，0点から10点の生徒が何人いて，11点から20点の生徒が何人いて，... という方が，全体的な傾向を把握

表 2.2 生徒 20 人のテストの点数

生徒 No.	1	2	3	4	5	6	7	8	9	10
点数	45	22	45	55	87	76	62	40	47	87
生徒 No.	11	12	13	14	15	16	17	18	19	20
点数	50	62	52	49	69	72	39	58	66	79

するには良いかと思います．このように，ある点数をひとまとめのグループにして，そのグループに属しているのはどの位の数あるか，というまとめ方をしたものがヒストグラムです．なお，この「ある点数をひとまとめのグループ」にしたものを，**階級**と言います．

では，ヒストグラムを作ってみます．一般的に，次のような手順で作ります．

〉手順〉**1** 階級の幅を決めます．階級の幅の決め方には特に決まりはなく，簡単に作るのであれば，適当な幅で差し支えありません．但し，グラフをひと目見て分布の特徴が捉えられるようにする必要があります．あまり大雑把過ぎると特徴が掴めず，あまり細かすぎると却ってわかりにくくなります．

〉手順〉**2** 決められた階級の幅に応じて，階級を決めます．

〉手順〉**3** 得られたデータが，それぞれの階級にいくつ属するか，表にします．この表を**度数分布表**と言います．

〉手順〉**4** 〉手順〉3 で得られた表を元にして，ヒストグラムを作成します．横軸に階級を書き，縦軸に，その階級に属している個数（度数）が高さとなるような長方形（棒）を描きます．**棒同士は離れていてはいけない**ということに注意する必要があります．棒同士が離れていればただの棒グラフです（図 2.1）．なお，棒グラフは，それぞれの項目同士を比較するためのものです．一方で，ヒストグラムは，全ての棒を全部ひとまとめに考えて，分布を表現するためのものです．

例えば，表 2.2 のテストの点数について，この手順に沿ってヒストグラムを作ってみましょう．

〉手順〉**1** 階級の幅を決めます．ここでは，階級の幅は 10 点とします．

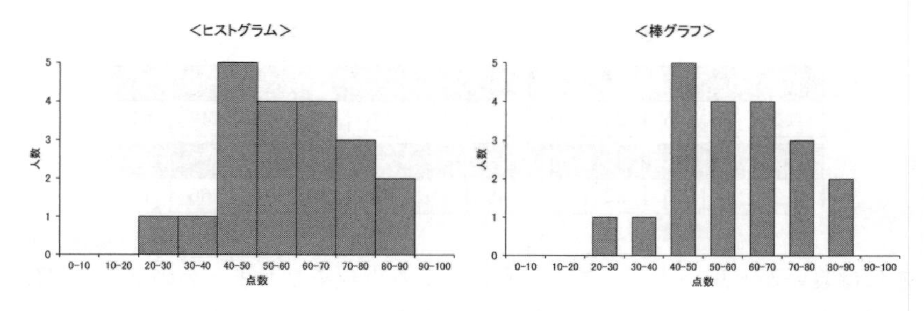

図 **2.1** ヒストグラムと棒グラフの違い

〉手順〉**2** 決められた階級の幅に応じて，階級を決めます．テストの点数は，最低点が 0 点，最高点が 100 点なので，0 点以上から 10 点未満，10 点以上から 20 点未満，⋯，90 点以上から 100 点以下とします．

〉手順〉**3** 得られたデータが，それぞれの階級にいくつ属するか，表にします．表 2.2 から地道に数え上げると，表 2.3 のように，それぞれの階級に何人の生徒がいるか，度数分布表を作ることができます．

表 **2.3** 生徒 **20** 人のテストの点数の度数分布表

得点の階級	度数
0 点以上-10 点未満	0
10 点以上-20 点未満	0
20 点以上-30 点未満	1
30 点以上-40 点未満	1
40 点以上-50 点未満	5
50 点以上-60 点未満	4
60 点以上-70 点未満	4
70 点以上-80 点未満	3
80 点以上-90 点未満	2
90 点以上-100 点以下	0

〉手順〉**4** 〉手順〉3 で得られた表を元にして，ヒストグラムを作成します．上の表より，それぞれの階級には何人の生徒がいるか（度数）が分かったので，あとは，横軸に階級，縦軸に度数を取り，ヒストグラムを作成すれば良いのです．作成したヒストグラムは次の図 2.2 のようになります．

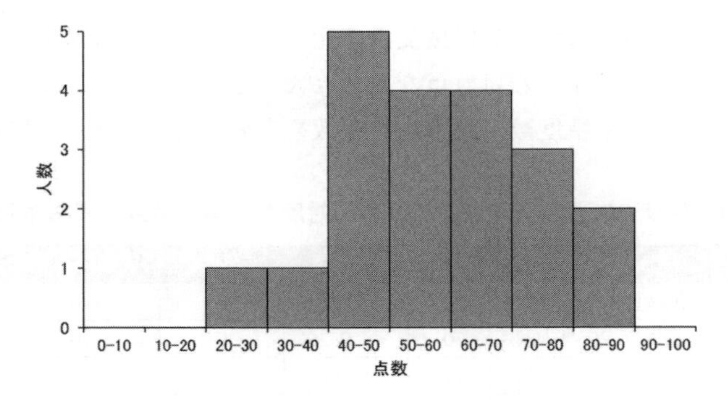

図 **2.2**　生徒 **20** 人のテストの点数に関するヒストグラム

ヒストグラムを作ると，先の表 2.2 では，何となく，40 点や 50 点台の生徒が多い，位にしか感じなかったデータの傾向が，もう少し詳しく把握できるようになったと感じるでしょう．例えば，40 点から 50 点を取った生徒の人数が最も多いこと，それ以降高い点数を取った学生の人数は徐々に少なくなっていること，など．このように，「可視化」することで，データの傾向をより詳細に把握することができます．

なお，さらに詳細に作る場合には，全体を 1 としたときに，ある階級の度数はどの位の割合かを示す**相対度数**や，ある階級まで全ての度数を累積した**累積度数**，ある階級までの全ての度数は，全体を 1 としたときに，どの位の割合かを示す**累積相対度数**も求める必要があります．これらは，次のように定義されます．

相　対　度　数

$$(\text{相　対　度　数}) = \frac{(\text{階級の度数})}{(\text{全ての度数の和 } (= \text{データ数}))}$$

累　積　度　数

$$(\text{累　積　度　数}) = (\text{ある階級までの全ての度数の和})$$

累積相対度数

$$(\text{累積相対度数}) = (\text{ある階級までの全ての相対度数の和})$$

もちろん，最後の階級における累積度数は元々のデータの数に等しくなければならず，累積相対度数は1でなければなりません．表2.3に示したテストの点数について，相対度数，累積度数，累積相対度数を求めたものを表2.4に示します．

表 2.4 生徒 **20** 人のテストの点数の相対度数，累積度数，累積相対度数

得点の階級	度数	相対度数	累積度数	累積相対度数
0点以上-10点未満	0	0	0	0
10点以上-20点未満	0	0	0	0
20点以上-30点未満	1	0.05	1	0.05
30点以上-40点未満	1	0.05	2	0.10
40点以上-50点未満	5	0.25	7	0.35
50点以上-60点未満	4	0.20	11	0.55
60点以上-70点未満	4	0.20	15	0.75
70点以上-80点未満	3	0.15	18	0.90
80点以上-90点未満	2	0.10	20	1.00
90点以上-100点以下	0	0	20	1.00

例えば，30点以上，40点未満の階級における相対度数は，次のように計算できます．

$$
\begin{aligned}
(\text{相対度数}) &= \frac{(30\,\text{点以上，}40\,\text{点未満の階級の度数})}{(\text{全ての度数の和})} \\
&= \frac{1}{20} \\
&= 0.05
\end{aligned}
$$

また，30点以上，40点未満の階級までの累積度数，および累積相対度数は，次のように計算できます．

$$
\begin{aligned}
(\text{累 積 度 数}) &= (0\,\text{点以上，}10\,\text{点未満の階級の度数}) \\
&\quad + (10\,\text{点以上，}20\,\text{点未満の階級の度数}) + \\
&\quad \cdots + (30\,\text{点以上，}40\,\text{点未満の階級の度数}) \\
&= 0 + 0 + 1 + 1 = 2 \\
(\text{累積相対度数}) &= (0\,\text{点以上，}10\,\text{点未満の階級の相対度数})
\end{aligned}
$$

$$+ (10\text{ 点以上, }20\text{ 点未満の階級の相対度数}) +$$
$$\cdots + (30\text{ 点以上, }40\text{ 点未満の階級の相対度数})$$
$$= 0 + 0 + 0.05 + 0.05$$
$$= 0.10$$

なお，Excel の「分析ツール」を使うと，ヒストグラムが簡単に作れます．これは後の練習問題で取り上げますので，是非確認しておいて下さい．

2.3 ヒストグラムのメリット

例えば，テストの点数が，見事に 2 つの山で分かれてしまう，つまり，成績下位層と成績上位層で分かれてしまう，図 2.3 のような状況になった場合も，ヒストグラムを書くメリットが活かされます．

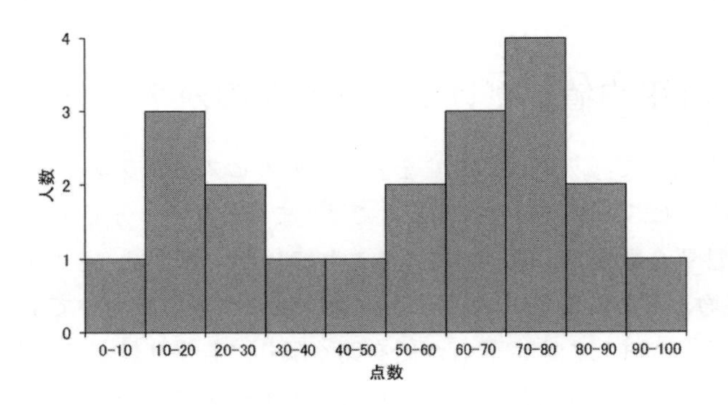

図 **2.3**　多峰性のヒストグラム

先程の生徒のテストの点数の場合は，あまり目立ったものではありませんが，41 点から 50 点の所に山が 1 つだけあります．このような場合，おそらく，平均点は 50 点前後と推測することは問題ないと思います．さて，この図のように山が 2 つある場合，平均値を求めてしまって良いのでしょうか．そもそも，何故山が 2 つあるのでしょうか．ここから考え直さなければなりません．例えば，塾に通っている生徒と通っていない生徒という，2 つのグループのデータが混在している，ということも考えられますし，ひょっとしたら別の原因があって，山が2つになっているのかも知れません．何れにしても，このような場合は，平均値や，データのばらつきを示す分散をそのまま考えることはできません．このような場合は，例えばグループを分割して，それぞれで平均値や分散を求めるなどする必要があります．なお，平均値や分散の意味や，その計算方法は，2.4 節で説明します．

以上から，ヒストグラムを作るメリットとして，単にデータを可視化するだけではなく，データが**単峰性**であるか**多峰性**であるか見分けることも挙げられます．単峰性というのは，データの山が1つだけ，という状況のことを指します．多峰性というのは，データの山が複数個ある状況のことを指します．データが単峰性であるか，多峰性であるか，ということこそ，データが記載されている数字を眺めているだけではきちんと把握できません．ヒストグラムを作って正しく見えてくるものなのです．

データを取ったら，まずはヒストグラムを作って可視化する，そして，データの性質を理解する，ということが，データを扱うことの基本です．

2.4 「平均値」だけではダメなのか？

さて，ここまでで，データの性質を表すためのヒストグラムについて理解しました．しかし，ヒストグラムを書くだけでは，まだまだ不十分です．統計とは，集団の傾向・性質を数量的に明らかにすることでした．そこで，その第一歩となる，平均値（平均ともいいます）[*1]や，データの「ばらつき」について学びましょう．

第1章でも述べましたが，著者が話を聞く限り，若手社員がデータの集まりを解析するときに，平均値を出して，それぞれのデータの平均値同士を比較するだけで済ませてしまうことがよくあるようです．実は，これだけでは不十分なのです．その理由として，まず，データには「ばらつき」が必ず存在する，ということに気づいていない（考えていない）ことがあります．ここでは，まず，データの「ばらつき」について考えてみましょう．

極めて極端な例ですが，表 2.5 (a) および (b) のように 10 人の所得が示されているとしましょう．

[*1] この章では「平均値」と書きますが，次章からは「平均」という言葉で進めます．

表 2.5 集落 1 と集落 2 の 10 人の住民の所得

集落 1

住民	A	B	C	D	E	F	G	H	I	J
所得〔万円〕	400	400	400	400	400	500	500	500	500	500

集落 2

住民	A	B	C	D	E	F	G	H	I	J
所得〔万円〕	200	200	200	200	200	200	200	200	200	2700

では，このデータについて，横軸に「住民」，縦軸に「所得」を表して，図示してみましょう（図 2.4）．

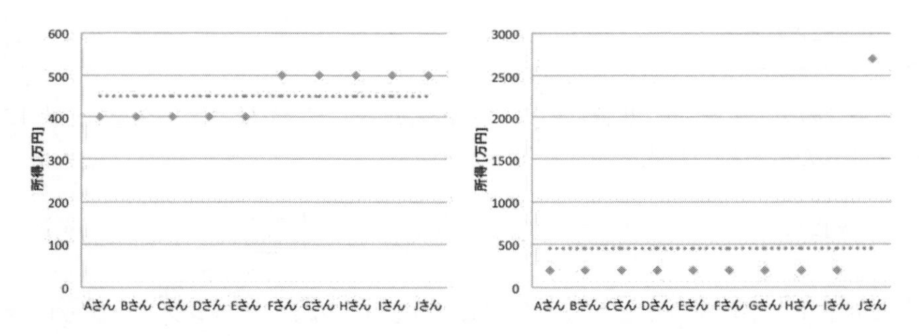

図 2.4 集落 1 と集落 2 の 10 人の住民の所得

すると，面白いことに気づくでしょう．集落 1 のデータは，10 人が大体同じ位の所得である一方，集落 2 のデータは，9 人がかなり少ない所得であり，残り 1 人が極めて裕福であるというように，集落 1 と 2 ではデータの質が大分異なっているということです．しかし，平均値を計算すると，図 2.4 の点線で示したように，どちらも同じ 450 万円となってしまいます．

さて，平均値はどのように求めるのでしょうか．中学や高校の数学を思い出して下さい．「全部のデータを足して，データの個数で割ったもの」が平均値でしたね．例えば，表 2.5 (a) の場合，平均値は，

$$\frac{(\text{住民 A の所得}) + (\text{住民 B の所得}) + \cdots + (\text{住民 J の所得})}{(\text{データの個数})}$$

$$= \frac{400 + 400 + \cdots + 500}{10}$$

$= 450$

となります．一般的には，次のようになります．

平均値

平均値は，各データの値を全て足し合わせ，その結果をデータの個数で割ったもの．つまり，

$$(\text{平均値}) = \frac{(\mathbf{1}\text{ 番目のデータ}) + (\mathbf{2}\text{ 番目のデータ}) + \cdots + (N\text{ 番目のデータ})}{(\text{データの個数 } (N))}$$

で定義される．

1番目のデータを x_1，2番目のデータを x_2，$\cdots$，N 番目のデータを x_N として，少しだけ高校の数式を使うと，

$$(\text{平均値})\ \overline{x} = \frac{x_1 + x_2 + \ldots + x_N}{N} = \frac{\sum_{i=1}^{N} x_i}{N} = \frac{1}{N}\sum_{i=1}^{N} x_i \qquad (2.1)$$

となります．平均値は $\overline{x}$ という記号で表されます．なお，Σ（シグマ）記号についてわからない方は第8章を参照して下さい．

さて，先の話で，集落2の住民の平均所得も計算すると，450万円となります．つまり，平均所得は両方の集落共に450万円なので，貧富の差は無い $\cdots$ という短絡的な結論になるでしょうか．直感的には「そういう結論にはならないのでは？」と思う方が殆どでしょう．

さて，この2つのデータは，平均値は同じであっても，どのような点で，データの分布が異なると言えるのでしょうか．もう一度図2.4を見て，直感的に捉えてみましょう．

恐らく，「**平均値からズレているほうが，データがばらついているっぽい？**」と感じるのではないしょうか．

この「〜っぽい」の感覚が重要です．「なんとなく」という直感で言えば，集落1のデータは，平均値からさほど離れていませんが，集落2のデータは，平均値からの離れ方が大きい，ということに気づくのではないでしょうか．

そして，このことが，「データのばらつき」を決める要素となるのです．

これまでの話から，「平均値だけで議論をしてはダメである，なぜなら，データのばらつきを無視した議論であるからだ」ということを，おぼろげながらでも，理解して頂けるのではないでしょうか．

2.5 分散とはデータの「ばらつき」

前節で，データのばらつきについて，「平均値からズレているほうが，データがばらついているっぽい」と感じたと思います．つまり，「平均値より大きいデータから，平均値を引いてみる．それらを全部のデータについて求めたものを，足し合わせる」と考えれば，データのばらつきを表現できるのではないか？と，直感的に思われたと思います．図 2.5 で言えば，点線の部分を足し合わせるのではないか，と思ったのではないでしょうか．

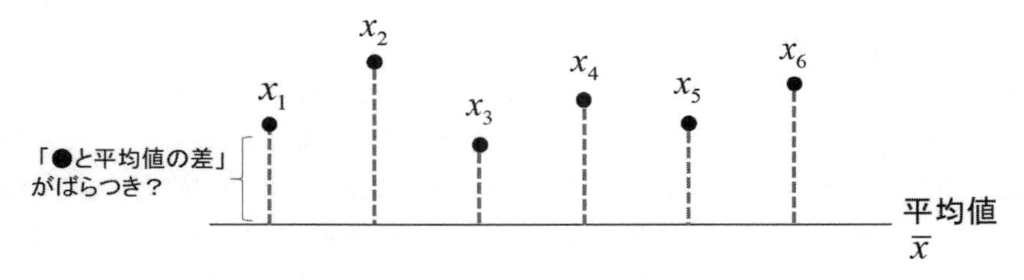

図 2.5　データと平均値の差を示す図（その **1**）

しかし，少し考えてみると，平均値よりデータの方が大きい場合だけしかないとは言えず，その逆の場合もあります．図 2.5 で言えば，平均値を示す点線よりも，データを示している●の方が必ずしも上にあるわけではない，ということです．極端な場合，図 2.6 のようにデータが 6 つある状況を考えましょう，平均値 ($\overline{x}$) より大きいデータが 3 つ (x_1, x_3, x_5)，平均値より小さいデータが 3 つ (x_2, x_4, x_6) で，x_1 および x_2 と $\overline{x}$，x_3 および x_4 と $\overline{x}$，x_5 および x_6 と $\overline{x}$ それぞれの長さは等しいものとしています．このとき，「平均値より大きい値から，平均値を引いてみる．それらを全部のデータについて求めたものを，足し合わせる」という考えに基づくと，「ばらつき」はゼロになってしまいます．例えば，x_1 から $\overline{x}$ を引いた値と，x_2 から $\overline{x}$ を引いた値を足すとゼロです．何故なら，x_1 は平均値より上に

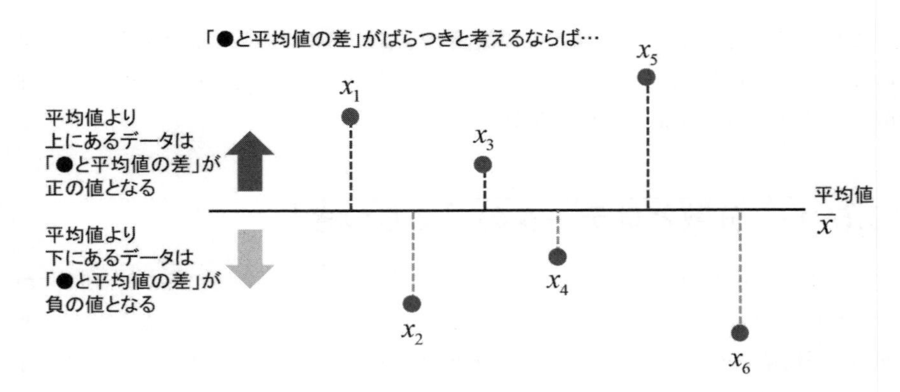

図 **2.6** データと平均値の差を示す図（その **2**）

あるデータなので，x_1 から $\overline{x}$ を引いた値は正の値ですが，x_2 は平均値より下にあるデータなので，x_2 から $\overline{x}$ を引いた値は負の値です．そして，x_1 および x_2 と $\overline{x}$ の長さは等しいので，x_1 から $\overline{x}$ を引いた値と，x_2 から $\overline{x}$ を引いた値を足し合わせるとゼロになってしまいます．これは，x_3 と x_4，x_5 と x_6 についても同じです．図 2.6 のデータ全体では「ばらつき」がゼロになってしまうのです．ですが，「ばらつき」がゼロになるというのは，図 2.6 を再確認すると，直感的に変ですね．

しかし，「それぞれのデータと平均値の差」という考え方は悪くなさそうなので，これを活かし，なおかつ，計算が面倒でない考え方を両立できると良いでしょう．数には「正の数であろうと負の数であろうと，二乗すれば必ず正の値となる」という大事な性質があることを思い出して下さい．この考え方を用いて，ばらつきを，「それぞれのデータと平均値の差の二乗」として考えることにします．

このようにすれば，「それぞれのデータと平均値の差」を反映しており，「データと平均値の大小関係」を気にしないで良く，計算も面倒になりません．そこで，この表現，「それぞれのデータと平均値の差の二乗」が，ばらつきを最もよく表しているものと考えます．これを，全てのデータに対して足し合わせたものが，データ全体のばらつき，と考えるのが，合理的です．

では，「それぞれのデータと平均値の差の二乗」を，全てのデータに対して足し合わせたものを，そのまま素直にばらつきと考えて良いのでしょうか．図 2.7 を見てみましょう．

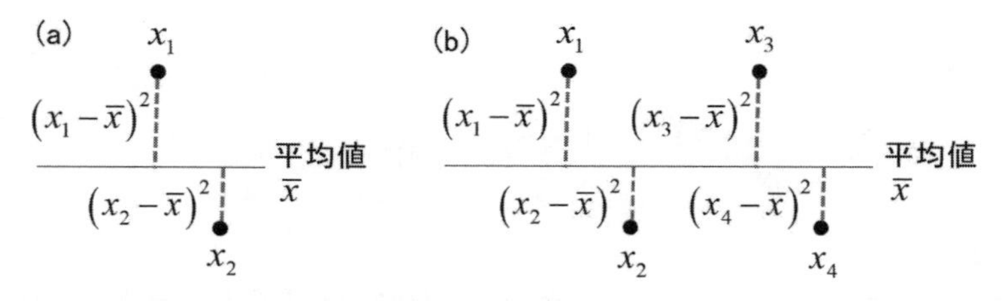

図 2.7　(a) と (b) のばらつきは同じとみなして良いのか？

図 2.7 で，(b) は，(a) と同じ図をすぐ右にコピーしただけのものです．とすると，(a) と (b) のばらつきは同じになります．(b) は，(a) と同じ図をすぐ右にコピーしただけで，ばらつきが同じになるはずなのに，先の考え方に基づけば，破線の長さの分を足し合わせることになるので，(b) の方がばらつきが大きくなってしまいます．つまり，先のように，「『それぞれのデータと平均値の差の二乗』を，全てのデータに対して足し合わせたものを，そのまま素直にばらつきと考える」のでは，データの数が増えれば増えるほど，ばらつきが大きくなってしまうのです．これは妙な話です．そのために，データの個数で割って，「データ 1 個あたりのばらつき」として補正してやる必要があります．この値を**分散**（**variance**）と言います．具体的には，先の平均値の場合と同様に，N 個のデータがあったとすると，

分散

分散は，各データの値から平均値を引いた値の二乗を計算し，それを全てのデータの分だけ足し合わせ，その結果をデータの個数で割ったもの．つまり，

$$(\text{分散}) = \frac{(\mathbf{1}\ \text{番目のデータ} - \text{平均値})^2 + \cdots + (N\ \text{番目のデータ} - \text{平均値})^2}{(\text{データの個数}\ (N))}$$

で表される．

これを数式で書くと，

$$(\text{分散}) = \frac{(x_1-\bar{x})^2+(x_2-\bar{x})^2+\ldots+(x_N-\bar{x})^2}{N} = \frac{\sum_{i=1}^{N}(x_i-\bar{x})^2}{N} = \frac{1}{N}\sum_{i=1}^{N}(x_i-\bar{x})^2 \tag{2.2}$$

として表されます．

では，この考えに基づいて，先のデータの分散の計算をしてみましょう．集落1も集落2も，所得の平均値は450万円，データ数は10個であることに注意しましょう．

<集落1の分散>

$$(\text{分散}) = \frac{(400-450)^2+(400-450)^2+\cdots+(500-450)^2+(500-450)^2}{10} = 2500$$

<集落2の分散>

$$(\text{分散}) = \frac{(200-450)^2+(200-450)^2+\cdots+(200-450)^2+(2700-450)^2}{10} = 562500$$

このようにして分散，つまり，データのばらつきの大きさを表すことができました．集落2の方が，集落1に比べると，所得のばらつきが大きいことがわかります．

2.6 標準偏差

しかし，よく見ると，この分散の値が，元々のデータに比べて遥かに大きい値であることに気づくと思われます．分散同士を比較して，値の大きい方がばらつきが大きいということはわかりますが，元のデータと比較した場合，どの程度の大きさなのかということは，少しわかりにくいように思えます．

これは「分散」の定義式を見ればわかります．いま，「データから平均値を引いたものの二乗」の単位は，元のデータの単位の二乗になりますね．例えば，元のデータの単位が〔cm〕であれば，分散の単位も〔cm^2〕になりますし，〔kg〕であれば，分散の単位も〔kg^2〕になります．先のデータの例でも，集落 A の分散は 2500〔万円 ^{2}〕，集落 B の分散は 562500〔万円 ^{2}〕となってしまいます．元々の単位が〔万円〕なので，これだと少しわかりにくいですね．そこで，分散の平方根を求める（分散の「ルート」を取る）ことで，「元の単位」に戻します．このようにすれば，単位も元のデータと揃うので，元のデータに対してどの程度ばらつきがあるのか，把握しやすくなります．この式で表される値を**標準偏差**（**Standard Deviation**）と呼びます．もちろん，ばらつきを表しているという意味では，分散と同じです．

> **標準偏差**
>
> 標準偏差は，分散の平方根，つまり，(標準偏差) $= \sqrt{(\text{分散})}$ で表される．

標準偏差は σ（シグマ）という記号で表されることが多いです．標準偏差の式は次のように表されます．

$$(\text{標準偏差})\ \sigma = \sqrt{\frac{1}{N}\sum_{i=1}^{N}(x_i - \bar{x})^2} \tag{2.3}$$

先のデータの標準偏差の計算をしてみましょう．

＜集落 1 の標準偏差＞

$$(\text{標準偏差}) = \sqrt{2500} = 50\,〔\text{万円}〕$$

＜集落 2 の標準偏差＞

$$(\text{標準偏差}) = \sqrt{562500} = 750\,〔\text{万円}〕$$

先の分散の式を用いた場合と比べてどうでしょうか．元のデータの値に（ほぼ）同じ桁数なので，どの程度データがバラついているのか，わかりやすくなったのではないかと思います．

2.7 中央値

統計でよく聞く言葉の一つに，**中央値（メディアン，median）**というものもあります．これについても学びましょう．ここで，「中央値」と「平均値」を混同してしまう方が多いので，要注意です．

中央値は，「データを小さい順に並べ替えたとき，真ん中にある値」のことをいいます．ただし，次のような (a) と (b) の場合だと，「真ん中」の定義が異なります．(a) はデータの数が奇数個，(b) はデータの数が偶数個です．

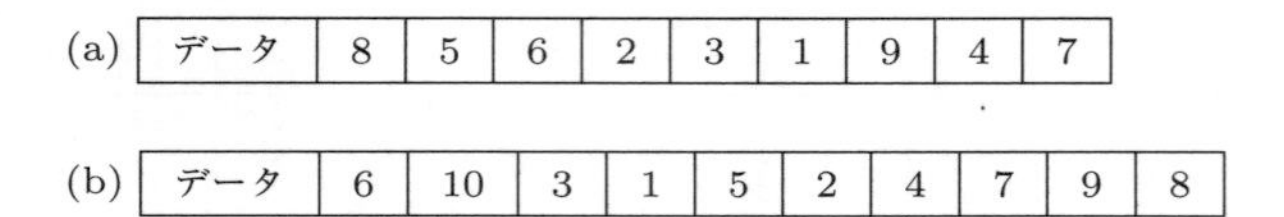

(a)

データ	8	5	6	2	3	1	9	4	7

(b)

データ	6	10	3	1	5	2	4	7	9	8

それぞれ「データを小さい順に並べ替え」ます．

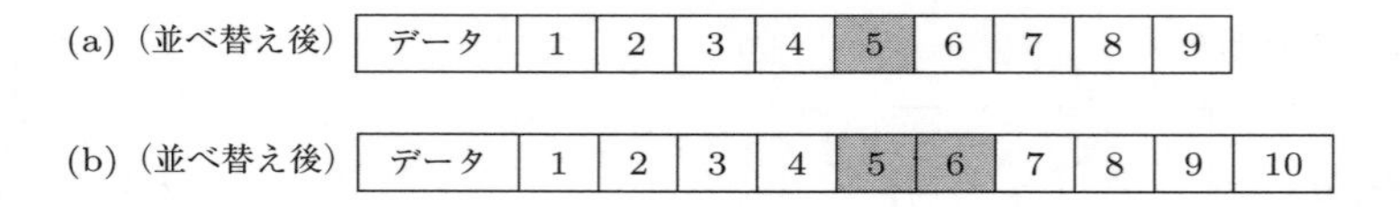

(a)（並べ替え後）

データ	1	2	3	4	5	6	7	8	9

(b)（並べ替え後）

データ	1	2	3	4	5	6	7	8	9	10

さて，並び替えた後の (a) と (b) を見てみましょう．「真ん中」の数字はどれでしょうか．(a) の場合は5番目の数字である5になることはすぐにわかります．しかし，(b) の場合，「真ん中」が一つに定まりません．ただし，「真ん中」の候補になりそうな数字は，5番目の数字である5と，6番目の数字である6になります．そこで，(b) の場合は，この2つの数字の平均値をとり，この値を「真ん中」と定義します．N 個のデータがあるときに，ここまで述べたやりかたで求められる「真ん中」の数値のことを，**中央値もしくはメディアン（median）**と呼びます．

さっきのデータについて見てみましょう．(a) はデータ数が9個（奇数個），(b) は10個（偶数個）ありますので，(a) は丁度真ん中である5，(b) は5と6を足して2で割った，5.5が中央値になります（図2.8）．

ここで，「**平均値と中央値ってどう違うの？**」と思う方がおられると思います．多分，平均値も，中央値も，どちらも「真ん中あたりにある」とか「データ全体

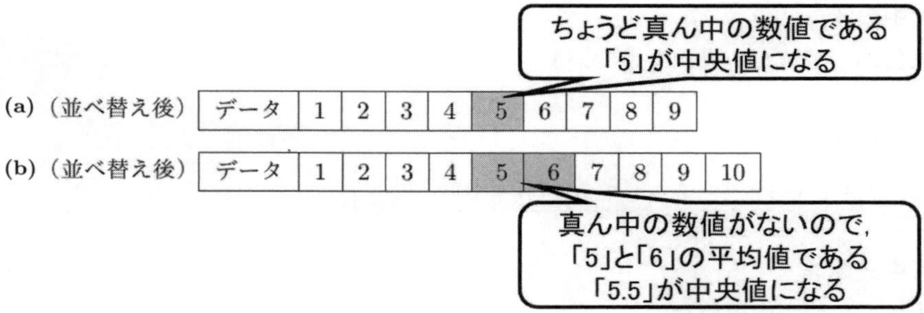

ちょうど真ん中の数値である「5」が中央値になる

(a)（並べ替え後）	データ	1	2	3	4	**5**	6	7	8	9

(b)（並べ替え後）	データ	1	2	3	4	**5**	**6**	7	8	9	10

真ん中の数値がないので，「5」と「6」の平均値である「5.5」が中央値になる

図 **2.8**　中央値

を代表している」という感じがするので，違いがわかりにくいのではないでしょうか．

それでは，次の (c) と (d) のようなデータで考えてみましょう．

(c)	データ	8	5	6	2	3	1	9	4	7

(d)	データ	50	5	6	2	3	1	100	4	7

(c) のデータは (a) と同じで，(d) のデータは，(a) の上位 2 つの数字を，50 と 100 で差し替えたデータです．このデータを小さい順に並べ替えてみましょう．

(c)（並べ替え後）	データ	1	2	3	4	**5**	6	7	8	9

(d)（並べ替え後）	データ	1	2	3	4	**5**	6	7	50	100

この，(c) と (d) の平均値と中央値を求めましょう．

(c) について

＜平均値＞

$$\frac{1+2+3+4+5+6+7+8+9}{9}=5$$

<中央値>
灰色部の数値が中央値なので，5

(d) について

<平均値>

$$\frac{1+2+3+4+5+6+7+50+100}{9} \fallingdotseq 19.78$$

<中央値>
灰色の数値が中央値なので，5

このように，中央値は同じなのですが，平均は (c) と (d) で全く異なります．特に (d) では，平均値と中央値が大きく異なっています．この理由を考えましょう．(d) では，(c) の上位2つの数字を，大きな値である，50 と 100 に変えています．なお，ここで設定した，50 と 100 のように，他の値から大きく外れた値を，外れ値と言います．これらの外れ値が影響して，平均値は (c) に比べて大きくなっています．一方で，中央値については，小さい順に並べても，真ん中の数が変わらないので，全く影響を受けていません．

このように，平均値と中央値の特徴として，次のことが挙げられます．

> **平均値と中央値の特徴**
>
> 平均値は「外れ値」の影響を受けやすく，中央値は「外れ値」の影響を受けにくい

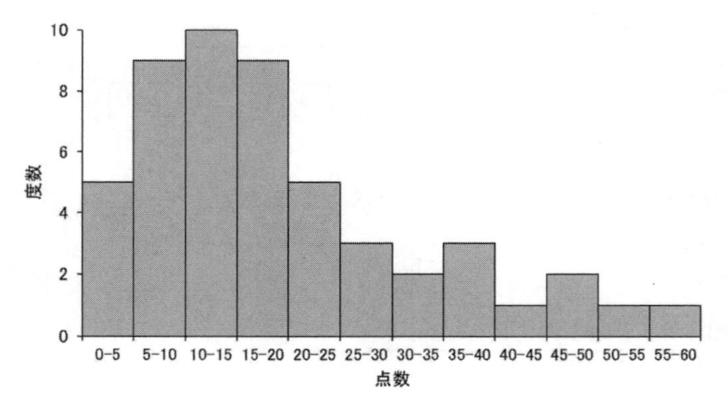

図 **2.9** 平均値が「外れ値」の影響を受けやすい例

平均値と中央値を使う場合には，このことを意識する必要があります．例えば，図 2.9 のように，左右非対称に広がっているようなデータについては，平均値が「外れ値」の影響を受けるため，平均値と中央値を比較するとズレが見られます．

平均値同士を比較することの注意点

さて，冒頭で，若手社員が平均値同士を比較して判断していますが，これは正しくありません．何故でしょうか．

いくつか理由はありますが，その一つとしては，「平均値を出して比較する」ことだけを行い，「ばらつき」については全く考慮していなかった，ということが挙げられます．

評価者は 30 人いて，30 人の年齢，性別，嗜好などが様々だと思われます．そのような状況を踏まえて，今回開発したお菓子は，図 2.10 (a) のように，あらゆる年齢，性別，嗜好を有した人に対しても好まれる，いわゆる「万人受け」する（つまり，みんなが平均値である 8.1 点くらいと評価している），無難な味かも知れません．一方で，ひょっとしたら，このお菓子は，図 2.10 (b) のように，嗜好性が極端で，10 点と評価する人や，1 点と評価する人がいる，つまり「好きな人は好きだが，嫌いな人は嫌い」という，「超マニア向け」に近い味かも知れません．平均値だけでは，このような傾向が把握できません．当然，より詳細に検討するにあたっては，年齢層や性別毎，嗜好毎など，様々な要因に対して解析する必要がありますが，「ばらつき」を見ることで，まずは簡単に，「個人差の有無」を見ることができます．この場合は，開発したお菓子の美味しさに関する個人差が大きいか・小さいか，を見ることができます．

実際にはまだ問題はあるのですが，どのような問題かは，次の章から詳しく学びます．まず基礎の基礎として，「ばらつき」という概念も考慮する必要がある，ということを頭に入れておきましょう．

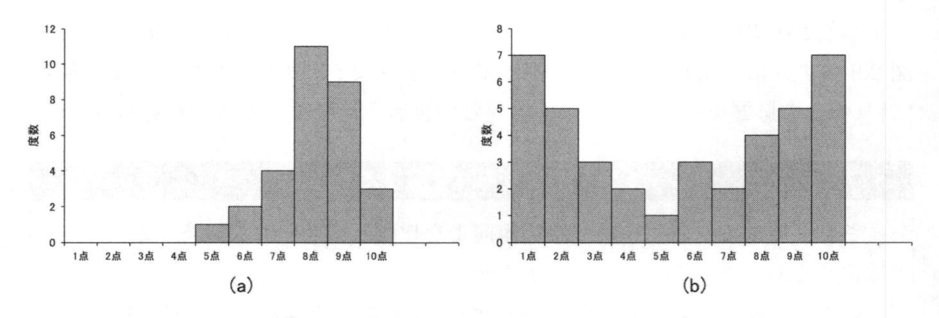

図 **2.10** お菓子は「万人受け」するか「超マニア向け」か？

2.8 ≫ すべてを明らかにするのは難しい～何を集団と考えるか？～

冒頭に書いたことを思い出して下さい．「集団の傾向・性質を数量的に明らかにすること」が統計でした．

さて，これまで述べたように，目の前にあるデータの，平均値や，分散（標準偏差）を求めたりなどしたところで，本当に「集団の」傾向・性質が数量的に明らかになるでしょうか．例題の，お菓子の美味しさに関する評価結果について考えてみましょう．この 30 人の評価結果だけを踏まえて，「新商品の方が美味しい！」と断言して良いのでしょうか．ひょっとしたら，この 30 人だけ特別な嗜好の人であって，この 30 人以外の人に回答してもらったら，「現行商品の方が美味しい」と答えるかも知れません．

さて，ここで考えるべき「集団」とは何なのでしょうか．例題の 30 人を「集団」と見ることもできます．この 30 人だけでなく，今回回答者として参加していない人たち全員を「集団」と見ることもできます．

評価を実施した若手社員が，うっかりして，評価結果を紛失してしまい，再度評価を行うことになったとしましょう．もう一度，同じ 30 人を呼び，お菓子の美味しさについて回答してもらった場合を考えてみましょう．この時，以前と同じ結果が得られるでしょうか．もし，この 30 人の体調や，回答してもらうときの環境などが，全く同じであれば，前回と今回で，ほぼ同じような結果が得られるはずです．

しかし，例えば，前回とは異なり，今回は全体的に，新商品の点数が低く，現行商品の方が美味しいという結果が得られるかも知れません．ひょっとしたら，

30 人のうち数人は，体調が原因で，前回と味覚が異なることもあり得るかも知れません．このような状況においては，得られた回答は信頼できるものではないでしょう．

一つのやり方としては，例えば，この会社のお菓子を買ってくれている人全員に対して調査をして，評価結果が得られれば良いと考えられます．そうすれば，あらゆる人のデータを全部網羅できることになります．このような調査を「全数調査」と言います．しかし，全数調査は，お金も時間も掛かるため，現実的なやり方ではありません．そのため，例えばこの問題では，30 人のデータだけを手がかりにして，仮に，この会社のお菓子を買ってくれている人全員に対して調査をしても，ほぼ同じような結果が得られるだろう，と，想定するわけです．つまり，全数調査が不可能であるため，手に入った，全体の中の一部のデータを手がかりにして，一般的な傾向を探ってやる，ということになります．実際には，手に入った一部のデータ（ここでは 30 人の評価結果）と，全体のデータ（この会社のお菓子を買ってくれている人全員の評価結果）にはズレがあります．ですが，このズレが小さいものであれば，手に入った一部のデータでの結果に基づいて探った傾向で十分，ということになります．

以上より，我々が意識しなければならないこと，やらなければならないことは，次の 2 点に集約されます．

- 目の前にあるデータは，あくまで全体の中の一部のデータに過ぎない状況がほとんどである．
- 我々は，いま目の前にあるデータだけを頼りにして，一般的な傾向を探らなければならない．

ここで，信頼できるデータとは，何回も何回も—究極的には，無限回データを取ったとして（不可能ですが！），何回データを取っても，どの場合でも，いつも同じ傾向が当てはまるようなデータのことを言います．特別な環境や状況下でのみ当てはまるのであれば，それは，信頼できるデータとは言い難いのです．

2.9 統計とはいわば推理ゲーム？～記述統計と推測統計～

この話を踏まえて，我々が絶対に意識しなければならないことがあります．それは，統計には，「記述統計」と「推測統計」の **2** 種類があるということです．

記述統計とは，目の前のデータの平均値などの求め方や，データの様々な図示方法を扱うものです．記述統計の特徴として，度数が有限であり，平均値や標準偏差，分散などを計算で求めて確定することができる，という点にあります．それに対して，推測統計とは，目の前のデータは，その背後にある，得体の知れないもっと大きな集団から，たまたま抽出された一部のデータに過ぎないという考え方です．この「一部のデータ」のことを標本と呼びます．そして，「標本」が抽出された，得体の知れないもっと大きな集団のことを，母集団と呼びます．図 2.11 に，母集団と標本の関係を示します．

図 **2.11**　母集団と標本

これまで学んで来たのは記述統計ですが，次の章からは推測統計を学びます．基本的に，我々が扱うのは，推測統計がほとんどである，ということを強く意識して下さい．

例題のお菓子の美味しさに関する評価結果についてもう一度考えてみましょう．30 人のデータだけを考えるのは「記述統計」です．しかし，お菓子の美味しさを評価した 30 人と，その 30 人以外の全ての人（世の中の人全員と考えましょう）のデータ，つまり，母集団を合わせて考えるのは「推測統計」です．「30 人以外の全ての人」と一言で言っても，何人かは正確にはわかりませんし，当然，その人達のデータを把握することもできません．したがって，世の中の人全員を対象とした，現行商品と新商品それぞれの評価結果の平均値や標準偏差についても，正確な値を求めることができません．

このことより，母集団には，次のような重要な性質があります．

(1) 全てのデータを直接観測することができない．
(2) データ数が非常に多いので，無限大 (∞) 個のデータを持つとみなせる．
(3) 平均値や標準偏差，分散などの母集団の特性を表す値が確定できない．

この章の例題では，30 人のデータは，無限大のデータを持つ母集団から抽出された標本，ということになります．

2.10 標本はどのように取り出せばよいか

上の例では，標本である 30 人のデータは与えられているとしましたが，通常は統計処理をする人が自分で標本を取り出します．

さて，標本はどのように取り出せば良いでしょうか．膨大なデータの中から，新商品の方がおいしいと答えるであろう人のデータだけを取り出すのでしょうか？そのようなことをやったら，恣意的な取り出し方になってしまいます．このように偏った取り出し方をすることは好ましくありません．何の偏見も意図もなく，**無作為**に取り出すことが大事になります．このように，「何の偏見も意図もなく，無作為に母集団を標本から取り出す」ことを，**ランダムサンプリング**（**random sampling**）とか**無作為抽出**と呼びます．ランダムサンプリングは，「味噌汁を鍋の中でよくかき混ぜたうえで，小皿に取った味噌汁（標本）の味を見る」ことと同様だ，と言われています．または，手回しのくじ引きで「ガラガラポン」と玉を出すイメージとも言われています．味噌汁の例からも，手回しのくじ引きの例からも，どちらも，何の偏見も意図もなく，一部を取り出していることが理解できるでしょう（図 2.12）．

図 2.12　無作為抽出の例

■ 第 2 章のまとめ

- ◆ データには，「名義尺度」と「順序尺度」からなる「質的データ」と，「間隔尺度」と「比例尺度」からなる「量的データ」がある．
- ◆ データを取ったら，まずはヒストグラムを作って可視化し，データの性質を理解することが重要である．
- ◆ データの傾向・性質を数量的に明らかにするには，平均値だけでなく，分散や標準偏差といった，データの「ばらつき」についても考えなければならない．
- ◆ 同じ「真ん中あたりにある」感じであるが，外れ値の影響を受けやすい平均値と，外れ値の影響を受けにくい中央値の違いを意識する必要がある．
- ◆ 我々が扱う統計のほとんどは，目の前のデータは，母集団からたまたま抽出された一部のデータに過ぎないとする「推測統計」である．

■ 第2章の練習問題 〉〉〉〉〉〉〉〉〉〉〉〉〉〉〉〉〉〉〉〉〉〉〉〉〉〉〉〉〉〉〉〉〉〉〉〉〉〉〉

問 1 次の (1) から (6) は,「名義尺度」「順序尺度」「間隔尺度」「比例尺度」のどれに該当するか, 答えよ.

(1) 5 点法のアンケート結果
(2) 部屋の間取り
(3) 値段
(4) 温度
(5) 生徒 20 人のテストの点数
(6) ある集落の 10 人の住民の所得

問 2 表 2.6 は, サイコロを 100 回投げたときに出た目の度数分布表である. 次の問いに答えよ.

表 2.6　サイコロを 100 回投げた時に出た目の度数分布表（問 2）

サイコロの目	度数	相対度数	累積度数	累積相対度数
1	15			
2	16			
3	12			
4	24			
5	19			
6	14			

(1) 表 2.6 の空欄を全て埋めよ.
(2) サイコロの目とそれぞれの目の出る度数についてヒストグラムを作れ.

問 3 表 2.7 は, あるクラス 50 人の数学のテストの点数の一覧である.

(1) 度数分布表を作り, Excel でヒストグラムを書け. 階級幅は 10 点にすること. 但し, **Excel** の分析ツールは使わないこと.
(2) 度数分布表を作り, **Excel** の分析ツールを使ってヒストグラムを書け. 階級幅は 10 点にすること.
(3) (1), (2) で作成したヒストグラムから, このクラスの数学のテストの結果について考察せよ.

表 **2.7** あるクラス **50** 人の数学のテストの点数の一覧（問 **3**）

51	36	81	99	87	86	17	78	71	35
42	78	27	84	25	31	16	55	77	72
93	91	39	69	16	86	78	93	82	5
46	41	89	2	25	100	100	22	51	39
47	38	54	48	68	88	97	61	69	32

問 4 表 2.8 は，「一日の最高気温」と「一日のアイスクリームの売上」の関係について，あるアイスクリーム店の 1 週間のデータである．このデータについて，次の問いに答えよ．

表 **2.8** あるアイスクリーム店の最高気温と売上のデータ（問 **4**）

一日の最高気温〔°C〕	28	32	35	33	27	33	36
一日のアイスクリームの売上〔万円〕	52	60	64	58	46	46	59

(1)「一日の最高気温」の平均値，分散，標準偏差を求めよ．

(2)「一日のアイスクリームの売上」の平均値，分散，標準偏差を求めよ．

問 5 表 2.9 は，あるクラスで実施した試験における，10 人の英語と国語の点数である．このデータについて，次の問いに答えよ．

表 **2.9** **10** 人の英語と国語の点数（問 **5**）

英語の点数〔点〕	83	80	40	66	70	56	60	79	94	67
国語の点数〔点〕	50	40	32	71	65	81	49	98	84	72

(1) 英語の点数の平均値，分散，標準偏差を求めよ．

(2) 国語の点数の平均値，分散，標準偏差を求めよ．

(3) (1)，(2) の結果から，英語の点数と国語の点数について考察せよ．

第3章

正規分布とは何なのか？

ある大学で1000人の学生を対象にテストを行いました．データを集計してヒストグラムを描いてみたところ，60点あたりを中心として，ほぼ左右対称の釣り鐘型の形状をしていることがわかりました．1000人の平均点を求めたところ，100点満点中，60点でした．さらに，標準偏差を求めた所，15点でした．成績優秀な学生の割合がどの程度か調べようと思います．いま，80点以上を成績優秀な学生とする場合，80点以上の学生は全体の何%程度でしょうか．

3.1 》》 身の回りにあふれる正規分布

さて，2.2 節で，ヒストグラムについて説明しました．データを何個も何個も，それこそ無限大個取ったとしましょう．そしてヒストグラムの階級の幅を限りなく小さくしてみましょう．そうすると，データが少なく，ヒストグラムの階級の幅があまり小さくなかったときは，ヒストグラムの形状がやや粗い感じであったのが，図 3.1 のように，だんだん細かくなることが想像できると思います．

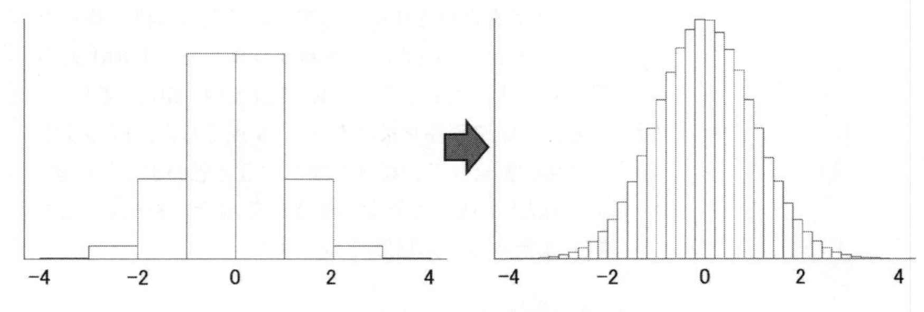

図 **3.1** ヒストグラムの階級の幅を細くしてみる

そうすると，図 3.2 のように，「全体的な形状が何かの曲線っぽい」と，感じないでしょうか．

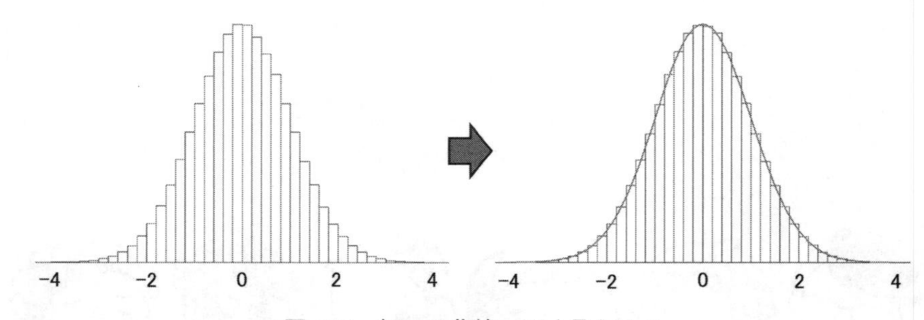

図 **3.2** 何かの曲線っぽく見える？

この感覚を持ちながら，わかりやすい例として，ねじの製造ラインについて考えてみましょう．

ねじはもちろんその長さに誤差がないように作られるのが前提ですが，どうしても，製造品には微々たる誤差が生じます．誤差量を横軸，その誤差が生じるねじの割合を縦軸としたヒストグラムにすれば図 3.2 のようになると考えられます．つまり，誤差が無い，正常なねじが一番多く作られ，誤差があってもその量が微々たるねじは，それに準ずる形で多く作られるでしょう．

一方で，誤差がかなり大きいねじは，作られるにしても，その数は極めて少ないと考えられます．このことを踏まえると，誤差が生じるねじの割合を示したヒストグラムは，ちょうど図 3.2 のように，左右対称の釣り鐘型のような形状になることは，実際にデータを取るまでもなく，容易に想像できると思われます．

このような，「左右対称の釣り鐘型」の分布のことを，正規分布（normal distribution または **Gaussian distribution**）と言います．正規分布は様々な分野で多く見られる分布で，例として挙げたねじの誤差の分布だけでなく，クラスの身長や体重の分布，お菓子の内容量の分布などもこれに当てはまります．

次に，「とにかくたくさんねじを製造して，膨大なねじの量から，誤差についてのヒストグラムを作る」ことを考えてみれば，誤差の分布がよく理解できます．さらに，ヒストグラムの階級の幅を限りなく小さくすれば，誤差の分布について細かく把握することができるでしょう．

しかし，どの程度のねじの量を考えれば，誤差の分布について，最も細かく把握できるのでしょうか．理想的には無限個でしょう．ですが，無限個のねじを作ることなど，とてもできません．ですが，仮に，無限個のねじが作れたとすると，さっき説明した通り，ヒストグラムの「全体的な形状が何かの曲線っぽく」なるのです．そうしたときに，「もし，この曲線を，何らかの数式で表現できれば，大分楽になるのではないか」と思うでしょう．実は，この数式は，平均を中心として，分散（標準偏差）の大きさによって，裾野の幅が決まる，左右対象の釣り鐘状の曲線の式で表されることが知られています．

曲線の式で表すことができれば，ある値をとる割合（確率）は，平均と，分散か標準偏差がわかりさえすれば，決まるのです．

3.2 》標準正規分布とその応用

ちなみに，平均 0，分散 1 となる正規分布を，特に，標準正規分布と呼び，少し特別扱いされます．

例えば，平均を 0 に固定して，分散を 0.5，1，2 と変化させてみると，グラフは図 3.3 のように変化します．なお，図 3.3 で，縦軸の $p(x)$ というのは，x という値を取る割合（確率）を示しています．正規分布のグラフは，横軸に x，縦軸に割合 $p(x)$ で表します．因みに，x のこと，つまり，確率 $p(x)$ を取る時の値 x を，確率変数と言います．

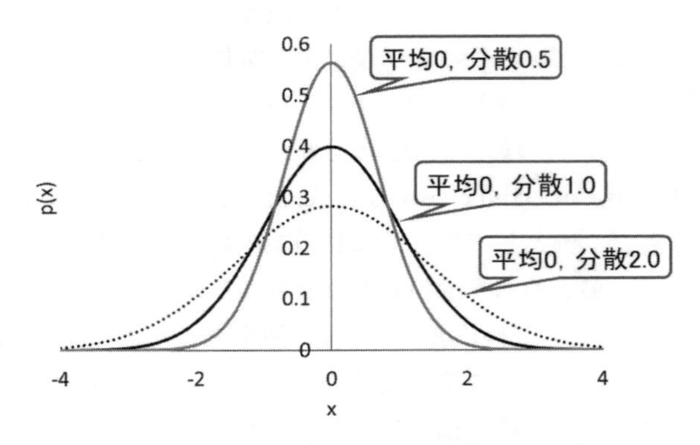

図 **3.3** 平均を **0** に固定し分散を変化させた際の違い

このことから，分散が大きくなると，グラフの「裾野」が大きくなることから，データが左右にばらつくようになる，ということがわかると思います．分散が大きくなるということは，標準偏差が大きくなるとも言えますので，標準偏差が大きくなると，第 2 章で見たとおり，データが左右にばらつくようになる，とも言えます．逆に，分散（標準偏差）が小さくなると，グラフの「裾野」が小さくなることから，データのばらつきが抑えられるようになる，ということがわかります．

一方で，正規分布で，例えば，分散を 1 に固定して，平均を -1，0，1 と変化させてみると，グラフは図 3.4 のように変化します．ここで，グラフの高さは，全ての場合で一致するということに注意しましょう．また，横軸と縦軸の見方は，図 3.3 と同じです．

このことから，平均が大きくなると，グラフ全体が右方向に動き，逆に，平均が小さくなると，グラフ全体が左方向に動くことがわかります．このことから，平均はグラフの左右方向の位置に影響することがわかります．

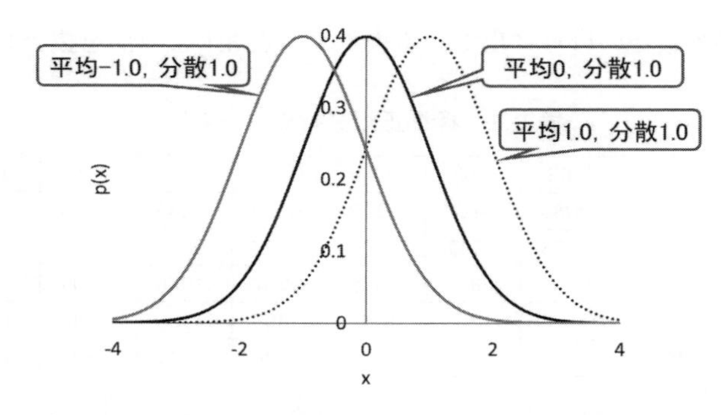

図 **3.4**　分散を **1** に固定し平均を変化させた際の違い

さて，先に挙げた，クラスの学生の身長，お菓子の内容量，ねじの誤差などのような様々な例が正規分布に従いますが，それぞれ，当然モノが違いますし，対象となるモノの単位やスケールも違います．したがって，どのような正規分布になるか求めるとするならば，それぞれ対象となるモノについて，いちいち，平均と分散を求めてやらなければなりません．しかし，これは大変です．何とかならないでしょうか．

そこで，このように考えましょう．正規分布に従うデータを，一度，無理やり，平均 0，標準偏差 1 になるように変換しましょう．この変換したデータは，どんな場合でも，標準正規分布に乗ってしまいます．そうすれば，どのような種類のデータであっても，標準正規分布を介すことで，公平に扱うことができるようになります．

次の式 (3.1) で表される Z は，平均 0，分散 1 の正規分布（標準正規分布）に従う値に変換されたものになります．

$$Z = \frac{(\text{元のデータ (値)}) - (\text{平均})}{(\text{標準偏差})} \tag{3.1}$$

この変換を「標準化」と言います．標準化することによって，どのような値であっても，標準正規分布に従う値に変換されます．なお，正規分布のときは，元のデータ（確率変数）を x という文字と表しましたが，x を標準化した値は Z という文字で表すため，標準正規分布のグラフは，横軸を Z，縦軸を $p(Z)$ として表しています．

さて，「標準正規分布表」というものをご存知でしょうか．高校のときに使った数学の教科書の最後のほうに出てくる表です．表 3.1 に一部を抜粋してみます．

表 3.1　標準正規分布表（一部）

Z	0	0.01	0.02	0.03	0.04	0.05	0.06	0.07	0.08	0.09
0.0	.0000	.0040	.0080	.0120	.0160	.0199	.0239	.0279	.0319	.0359
0.1	.0398	.0438	.0478	.0517	.0557	.0596	.0636	.0675	.0714	.0753
0.2	.0793	.0832	.0871	.0910	.0948	.0987	.1026	.1064	.1103	.1141
0.3	.1179	.1217	.1255	.1293	.1331	.1368	.1406	.1443	.1480	.1517
0.4	.1554	.1591	.1628	.1664	.1700	.1736	.1772	.1808	.1844	.1879

この正規分布表に記載されている数字は，標準正規分布全体と，横軸（Z 軸）で $Z=0$ となる箇所から，任意の Z までの面積を表しています[*1]．例えば，標準正規分布表より，$Z=0$ から $Z=0.45$ までの面積を求めるとします．表 3.1 を参照して，$Z=0.4$（$Z=0.45$ の整数部と小数点 1 桁目の数字）の行と $Z=0.05$（$Z=0.45$ の小数点 2 桁目の数字）の列が交差する点の値を見ましょう．すると，.1736 という値になっていると思います（図 3.5）．

Z	0	0.01	0.02	0.03	0.04	0.05	0.06	0.07	0.08	0.09
0.0	.0000	.0040	.0080	.0120	.0160	.0199	.0239	.0279	.0319	.0359
0.1	.0398	.0438	.0478	.0517	.0557	.0596	.0636	.0675	.0714	.0753
0.2	.0793	.0832	.0871	.0910	.0948	.0987	.1026	.1064	.1103	.1141
0.3	.1179	.1217	.1255	.1293	.1331	.1368	.1406	.1443	.1480	.1517
0.4	.1554	.1591	.1628	.1664	.1700	.1736	.1772	.1808	.1844	.1879

図 3.5　標準正規分布表の読み取り方

この値は，標準正規分布の横軸，$Z=0$ から，$Z=0.45$ の間と面積が 0.1736 であるということを意味します．正規分布全体の面積は 1 であるということがわかっています．したがって，標準正規分布も，全体の面積は 1 になります．それに対して $Z=0$ から，$Z=0.45$ の間の面積が 0.1736 であるということは，この領域の面積は，標準正規分布全体の 17.36%である，ということを意味しています

*1 標準正規分布表は，$Z=-\infty$ から，任意の Z までの面積を表すものや，任意の Z から，$Z=\infty$ までの面積を表すものなど，様々です．参照する表によって，数字が何を表しているか，よく確かめて使って下さい．本書では，$Z=0$ となる箇所から，任意の Z までの面積を表すものとします．

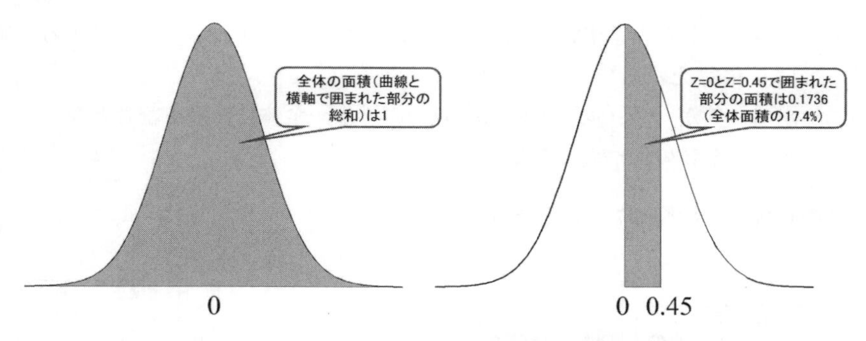

図 **3.6**　$Z = 0$ から $Z = 0.45$ の間の面積の意味

(図 3.6).

標準正規分布は，常に「平均 0，分散 1」であるために，形状が一定です．そのため，$Z = 0$ から任意の Z までの面積は，常に同じ値を取る，という，極めて当たり前の性質があります．（標準でない）正規分布は，平均や分散の値によって，様々に形状を変えるので，面積を求めるにしても，少し計算が面倒です．

そのため，式 (3.1) を使って標準化してやり，標準正規分布に変換して考えることで，元の標準正規分布に従うデータ上で，平均値から，$x = 1$ に相当する点までの面積を求める場合であっても，このデータが，「平均 0，分散 5」の正規分布に従っていようと，「平均 0，分散 10」の正規分布に従っていようと，計算が簡単にできるようになります．$x = 1$ を標準化した後，標準正規分布表を使えば，「$Z = 0$ と，正規分布上で $x = 1$ に該当する点を標準正規分布に変換した Z 値」の間の面積を簡単に求めることができるわけです．

ここで冒頭の問題を考えましょう．ある大学で行われたテストで，学生の平均点が 60〔点〕，標準偏差が 15〔点〕（つまり，分散は 15^2〔点 ^{2}〕）であったとしましょう．そして，60〔点〕から 80〔点〕の学生が全体の何%であったか求めたい，というものでした．このとき，次のように考えます．

(1)　60〔点〕と 80〔点〕に相当する値が標準正規分布上で幾らになるかを式 (3.1) に基づいて計算する．
この場合，60〔点〕は平均点であるから，標準正規分布上では $Z = \frac{60-60}{15} = 0$，80〔点〕は標準正規分布上では $Z = \frac{80-60}{15} = 1.33$ となる．

(2) 標準正規分布表を用いて，$Z = 0$ と $Z = 1.33$ で囲まれる面積を求める．値は 0.4067 となる*2.

(3) 求めた値が，60〔点〕から 80〔点〕の学生が全体に占める割合となる．つまり，全体の 40.7%となる．

この状況を次の図 3.7 に示します．

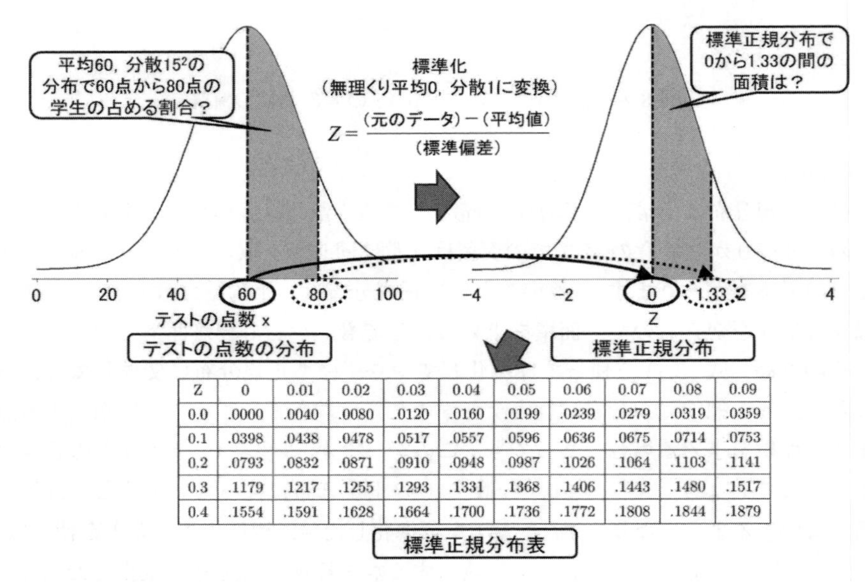

Z	0	0.01	0.02	0.03	0.04	0.05	0.06	0.07	0.08	0.09
0.0	.0000	.0040	.0080	.0120	.0160	.0199	.0239	.0279	.0319	.0359
0.1	.0398	.0438	.0478	.0517	.0557	.0596	.0636	.0675	.0714	.0753
0.2	.0793	.0832	.0871	.0910	.0948	.0987	.1026	.1064	.1103	.1141
0.3	.1179	.1217	.1255	.1293	.1331	.1368	.1406	.1443	.1480	.1517
0.4	.1554	.1591	.1628	.1664	.1700	.1736	.1772	.1808	.1844	.1879

図 3.7 60 点から 80 点の学生の占める割合を求める方法

同様に，冒頭に示したような，「80 点以上の学生が全体に占める割合」を求めることを考えましょう．今の結果を用いると，60〔点〕から 80〔点〕の学生が全体に占める割合は，全体の 40.7〔%〕です．60〔点〕以下の学生の割合ですが，テストの点は平均 60〔点〕，標準偏差が 15〔点〕の正規分布であるので，分布は，60〔点〕を中心として左右対称となります．したがって，60〔点〕以下の学生の割合は，全

*2 後で説明する Excel の NORMDIST 関数を使うならば，=NORMDIST(80,60,15,TRUE)-NORMDIST(60,60,15,TRUE) と入力することで値が得られます．標準正規分布表から得られた値との違いは，丸め誤差（数値の計算処理の都合上，ある程度で値を省略することで，計算結果に現れてくる誤差のこと）の影響です．

体の半分，つまり 50.0〔%〕となります．これらから，80〔点〕以下の学生の割合は，$50.0 + 40.7 = 90.7$ となります．80 点以上の学生の割合は，全体 (100〔%〕) から，80 点以下の学生の割合 (90.7〔%〕) を引けば良いので，$100 - 90.7 = 9.3$〔%〕となります．イメージを図 3.8 に示します．

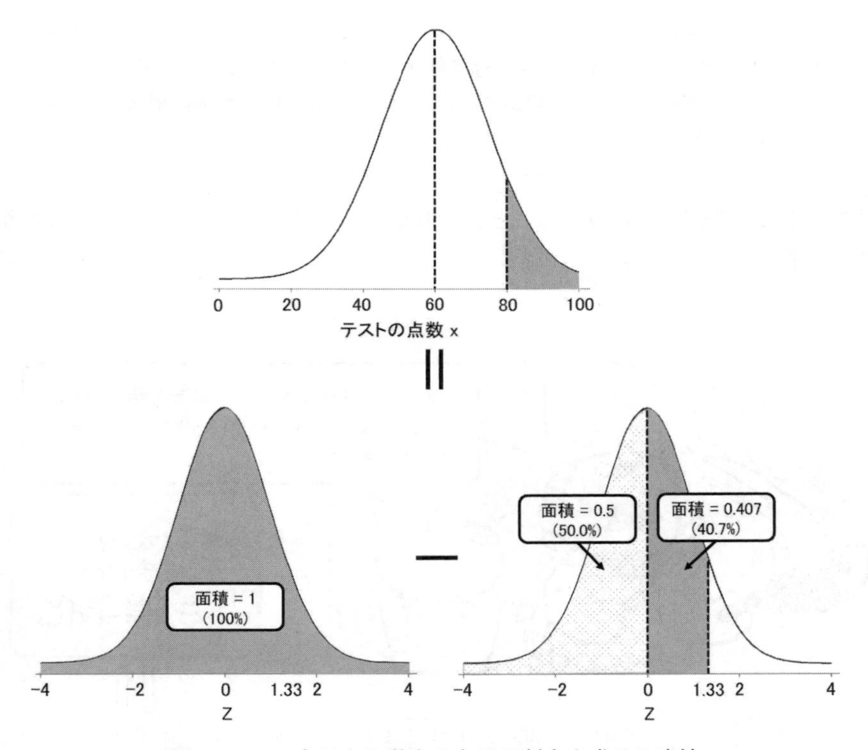

図 **3.8** **80** 点以上の学生の占める割合を求める方法

さて，これまで色々な式が出てきましたが，大事なのは次の流れです．

- 世の中には正規分布に従う色々なデータがあるが，これらのデータに合わせて，一々正規分布の式を求めるのは大変．
- そのため，得られたデータに対して標準化という作業を行う．
- 標準化を行えば，いわば共通のプラットフォーム的な「標準正規分布」を使って，正規分布で任意の点以上（以下）の面積や割合を簡単に計算できる．

具体的には，得られたデータが正規分布しており，平均と，分散か標準偏差がわかっている場合，「ある値（冒頭の例では「80 点」）」以上（もしくは以下）を取る割合を求める場合は，次のようにします．

(1) 「ある値」から平均を引き，標準偏差で割ることで，標準化する．
(2) 標準正規分布表などを用いて，「ある値」を標準化した値に相当する面積を求める．

この流れに基づいて計算することになります．イメージとしては図 3.9 のようになります．

Z	0	0.01	0.02	0.03	0.04	0.05	0.06	0.07	0.08	0.09
0.0	.0000	.0040	.0080	.0120	.0160	.0199	.0239	.0279	.0319	.0359
0.1	.0398	.0438	.0478	.0517	.0557	.0596	.0636	.0675	.0714	.0753
0.2	.0793	.0832	.0871	.0910	.0948	.0987	.1026	.1064	.1103	.1141
0.3	.1179	.1217	.1255	.1293	.1331	.1368	.1406	.1443	.1480	.1517
0.4	.1554	.1591	.1628	.1664	.1700	.1736	.1772	.1808	.1844	.1879

図 **3.9**　標準正規分布に落とし込むことのイメージ

皆さんで調理したい素材（データ）があったとします．しかし，それぞれ癖があるので，どういう料理にすれば良いか，皆目見当がつきません．そのため，ベテランのシェフに頼んで調理してもらおうと思います．ですが，このシェフも忙しく，オーダーメイド式に調理してはくれません．ですが，どんな料理にも合う，共通して使えるレシピ（標準正規分布）を用意してくれることになりました．シェフいわく，「レシピはこっちで用意しておくから，調理したい素材は皆さんで用意しておいてね．皆さんは用意した素材を僕のレシピに合わせてくれれば良いだけ（= 標準化）だから」ということです．与えられたデータに対して標準正規分布を使うこと，そのために一々標準化することはこのような例えになるかと思います．

3.3 〉〉〉 標準正規分布の特徴

標準正規分布は，いわば共通のプラットフォーム的なもの，と言いました．それでは，標準正規分布を利用するメリットについて，さらに詳しく見ていくことにしましょう．

正規分布も，標準正規分布も，山（曲線）と，横軸で囲まれた全体の面積は 1 であるというきまりがあります．それでは，標準正規分布で，Z の値が -1 から 1 の間の面積，つまり，-1 以上 1 以下のデータ Z を取る確率の合計はいくらになるでしょうか．

具体的な計算方法は省略しますが，計算機などを使って計算すると，この値は，0.6826 になります．つまり，**−1 から 1 の間の面積は，全体の 68.26%** になるということがわかります．これは非常に重要な性質なので，必ず頭の中に入れておいて下さい．

また，同様に，標準正規分布で，Z の値が -2 から 2 の間の面積，つまり，-2 以上 2 以下のデータ Z を取る確率の合計は，0.9544 になります．つまり，**−2 から 2 の間の面積は，全体の 95.44%** になるということがわかります．先の -1 から 1 の間の面積と同様に，これも非常に重要な性質なので，必ず頭の中に入れておいて下さい．

3.4 標準正規分布から正規分布を作ろう

さて，次に，標準正規分布から，平均と分散（標準偏差）がわかっている正規分布に変換するやり方について学びましょう．と言っても簡単な話です．例えば，標準正規分布から，平均が4，分散が9（つまり標準偏差が3）である正規分布曲線を作ることを考えます．そして，標準正規分布を表す曲線が，横に伸び縮みできるゴム紐や，針金でできていると考えてみて下さい．このゴム紐や，針金を，横方向に3倍「びろーん」と伸ばしましょう（図3.10）．

次に，この「びろーん」と伸ばした後のゴム紐や，針金を，右の方向に4だけ平行移動させてみましょう（図3.11）．

こうして作られた曲線が，平均4，分散9（つまり標準偏差3）である正規分布

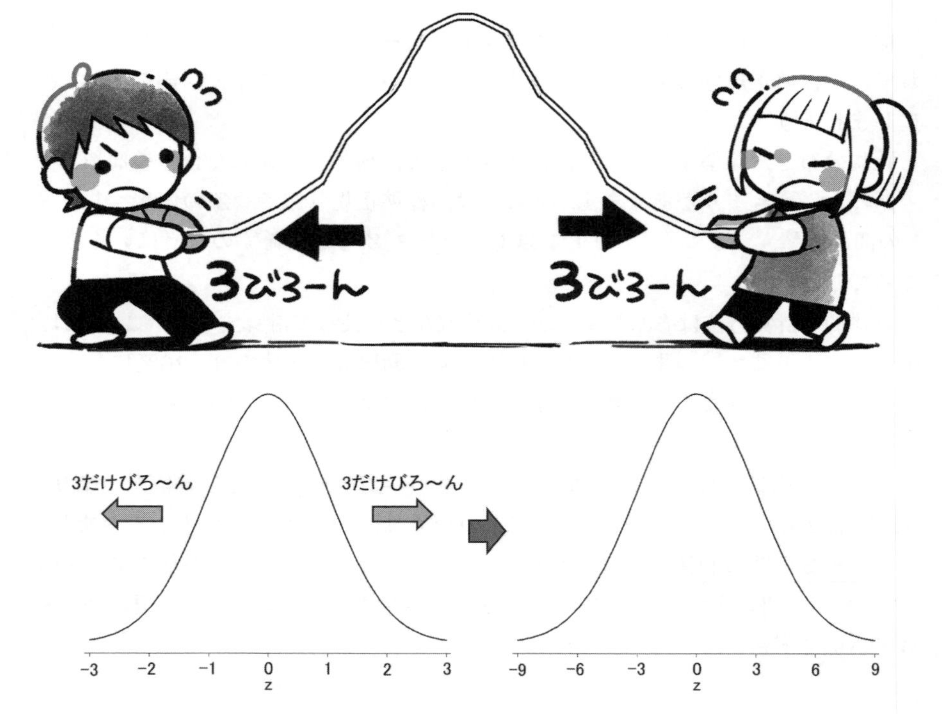

図3.10 標準正規分布を横に3だけ「びろ～ん」と伸ばしてみる

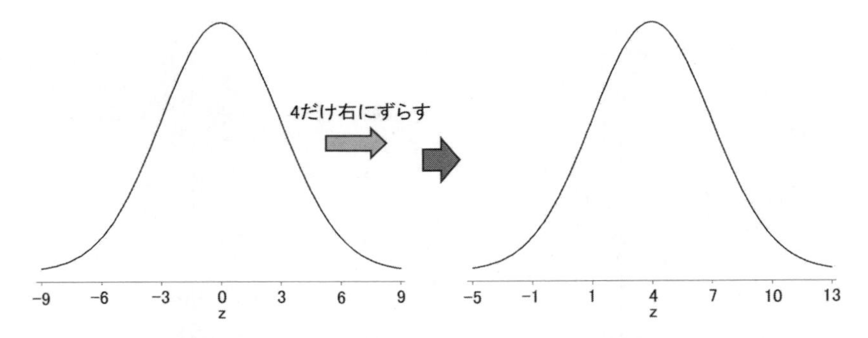

図 3.11　標準正規分布を横に **3** だけ「びろ〜ん」と伸ばした後，右に **4** だけ平行移動させる

曲線になるのです．この考えを発展させて，次のような問題を考えてみましょう．標準正規分布において，−1 から 1 の間の領域は，平均 4，分散 9（つまり標準偏差 3）である正規分布曲線ではどこに相当するか，というものです．

さっきの操作を思い出しましょう．標準正規分布の形をしているゴム紐や，針金を，横に 3 だけ「びろーん」と伸ばし，右の方向に 4 だけずらすという操作です．いま，−1 から 1 で囲まれた部分だけ，色をつけておきます．すると，この，色がつけられた部分は，どのように変化するでしょうか．今と同じ操作をやったものが図 3.12 です．

すると，−1 から 1 だった領域が，1 から 7 の領域に変化していることがわかります．したがって，平均 4，分散 9（つまり標準偏差 3）である正規分布曲線において，面積が全体の 68.26%になる領域は，1 から 7 で囲まれた領域であるということになります．この「1」や「7」という数字はどこから来たかと言うと，正規分布に従うデータ上の「−1」と「1」という値（確率変数）を，標準偏差倍して，さらに，平均の値だけ足す，という操作の結果出てきた値です．式 (3.1) は，

$$Z = \frac{(\text{元のデータ (値)}) - (\text{平均})}{(\text{標準偏差})}$$

と表されましたが，Z に -1 や 1 を代入し，（正規分布に従う任意の）確率変数を求めるように式変形している，というわけです．言い換えれば，式 (3.1) に基づいて，「標準化の逆の作業を行っている」，ということになります．

以上のことから，平均と分散（標準偏差）がわかっている標準正規分布におい

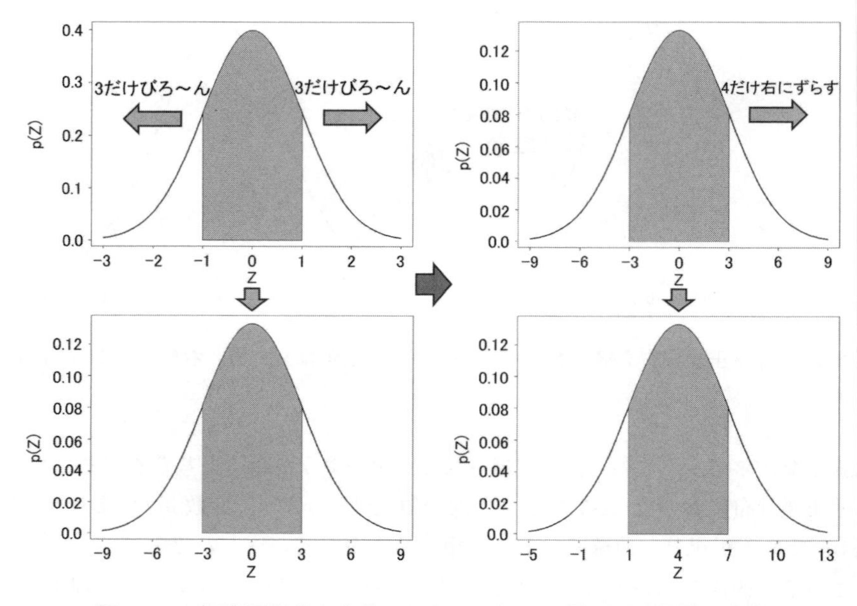

図 **3.12** 標準正規分布を基にした -1 と **1** で囲まれる領域の変化

て，全体の面積の 68.26%となるのは，$(-1)\times$(標準偏差)$+$(平均) から $1\times$(標準偏差)$+$(平均) の間の範囲であることがわかります．言い換えると，$-$(標準偏差) $+$(平均) から (標準偏差)$+$(平均) の範囲です．

同様に，全体の面積の 95.44%となるのは，$-2\times$(標準偏差)$+$(平均) から $2\times$(標準偏差)$+$(平均) の間の範囲であることになります．

まとめると次のようになります．

まとめ

平均と，分散か標準偏差がわかっている正規分布で，全体の面積の **68.26%**となるのは，**$-$**(標準偏差) **$+$** (平均) から (標準偏差) **$+$** (平均) の範囲で，全体の面積の **95.44%**となるのは，**$-2\times$** (標準偏差) **$+$** (平均) から **$2\times$** (標準偏差) **$+$** (平均) の範囲である．

この考え方はこれからしばらく使っていきますので，よく覚えておいて下さい．

わからなくなったら「ゴム紐や針金でできた標準正規分布のグラフをびろーんと伸ばしてずらす」ことを思い出して下さい.

3.5 Excelの関数を使って面積を計算してみる

これまでは, 正規分布上で, ある領域の面積を求める場合, 標準化した上で, 標準正規分布表を使って計算する, ということをやりましたが, 標準正規分布表を使わなくても, Excelで簡単に計算できます. 加えて, 任意の正規分布で, 特定の領域の面積を求めるのも, 標準化せずともExcelで簡単に計算できます. NORMDIST関数を使うことで計算できます. NORMDIST関数は, 平均μ（ミュー), 標準偏差σ（シグマ）の正規分布において, $-\infty$からxまでの面積が全体に占める割合を求めるもので, 次のような書き方となります.

NORMDIST(x, μ, σ, TRUE)

NORMDIST関数で求める面積の割合は, 全体に対して, 図3.13灰色部で示される領域の割合になります.

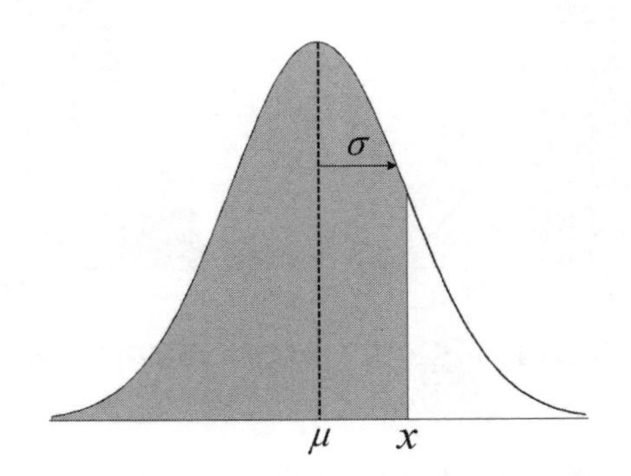

図 3.13　NORMDIST関数で計算する領域

では, 例えば, 平均μ, 標準偏差σの正規分布において, $a \leqq x \leqq b$という領域の面積の割合を求めるにはどうしたら良いでしょうか. この場合は, NORMDIST関数で, $-\infty$からbまでの面積が全体に占める割合を求めて, その値から, NORMDIST

関数で，$-\infty$ から a までの面積が全体に占める割合を引けば良いのです．つまり，

$$\mathbf{NORMDIST}(\boldsymbol{b}, \boldsymbol{\mu}, \boldsymbol{\sigma}, \mathbf{TRUE}) - \mathbf{NORMDIST}(\boldsymbol{a}, \boldsymbol{\mu}, \boldsymbol{\sigma}, \mathbf{TRUE})$$

となります．そして，この計算の考え方を図示すると，図 3.14 のような感じになります．

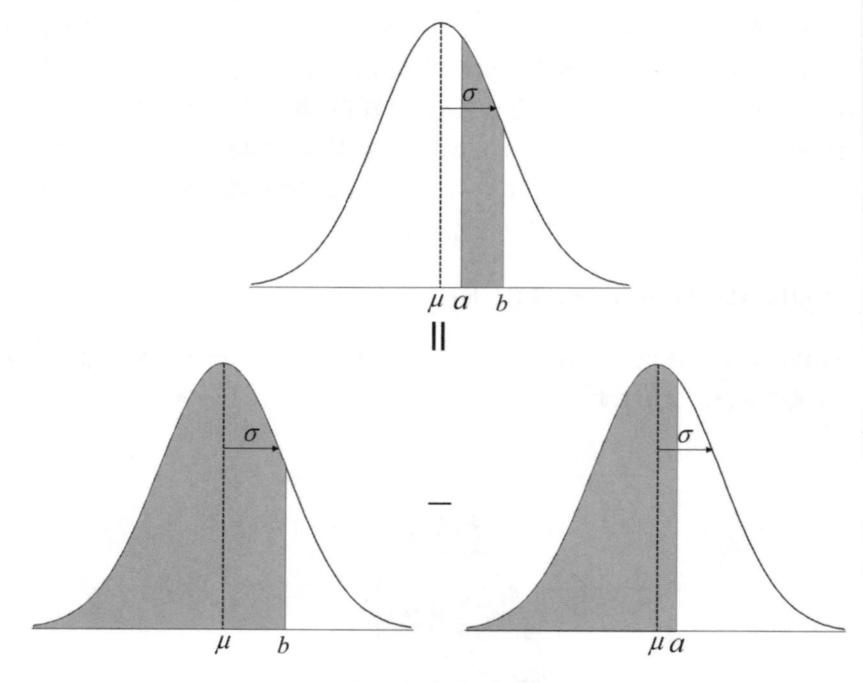

図 **3.14**　$a \leqq x \leqq b$ の領域の面積の求め方

先程の，標準正規分布における，$Z = 0$ から $Z = 0.45$ で囲まれる面積も，次のようにすれば求められます．任意のセルに，次のように入力しましょう．

$$= \mathbf{NORMDIST(0.45,\ 0,\ 1,\ TRUE)} - \mathbf{NORMDIST(0,\ 0,\ 1,\ TRUE)}$$

すると，約 0.1736 という値が得られると思います．これは先程標準正規分布表から求めた値と一致しますね．

さて，ここまで読まれた方は，こう思われるかも知れません．「**NORMDIST関数で求められるのだったら，手順だけ学べば良くて，別に標準正規分布の話や，標準正規分布表なんていらないんじゃない？**」確かにその通りです．しかし，この後説明する，統計的検定手法の話を理解しやすくするために，敢えて，標準正規分布や，標準正規分布表を用いて面積を求めることについて説明しています．ですので，非常に重要な事柄であると認識しておく必要があります．その上で，実際に面積を求める際には，Excelで求めるようにもしておくと便利でしょう，

■ 第3章のまとめ

- ねじの誤差の分布や，クラスの身長や体重の分布など，様々な分野で多く見られる分布として，正規分布がある．
- 平均値を中心とした，「左右対称の釣り鐘型」であることが，正規分布の特徴である．
- 平均0，分散1となる正規分布を，特に，標準正規分布と呼ぶ．
- 正規分布で，任意の点以上（以下）の面積や割合を求める場合は，正規分布に従う確率変数を標準化し，標準正規分布表またはExcelのNORMDIST関数を用いることで求められる．
- 標準正規分布で，$Z = -1$ から $Z = 1$ と曲線で囲まれる面積は，全体の68.26%となり，$Z = -2$ から $Z = 2$ と曲線で囲まれる面積は，全体の95.44%になるという性質がある．
- 標準化の逆の作業を行うことで，平均と，分散か標準偏差がわかっている正規分布で，全体の面積の68.26%となる範囲や，95.44%となる範囲を求めることができる．

■ 第3章の練習問題 〉〉

この練習問題では，必要に応じて，次ページの標準正規分布表（表 3.2）を用いること．この標準正規分布表の値は，標準正規分布において全体の面積を 1 としたとき，$Z = 0$ から Z までの面積を表している．

問 1 標準正規分布で $Z = 0$ から $Z = 2.58$ の間の面積を求めよ．

問 2 標準正規分布で $Z \geqq 2.58$ となる領域の面積を求めよ．

問 3 標準正規分布で $-1.96 \leqq Z \leqq 1.96$ となる領域の面積を求めよ．

問 4 20 歳日本人男性の身長の分布はほぼ正規分布にあてはまり，平均が 170.5〔cm〕，標準偏差が 6.0〔cm〕であるとする．このとき，次の問に答えよ．

(1) 身長 165〔cm〕以下の 20 歳日本人男性の割合を求めよ．

(2) ある 20 歳日本人男性の身長を計測したら 180〔cm〕であった．この人の身長は上位何%に属するか．

表 **3.2** 標準正規分布表

Z	0	0.01	0.02	0.03	0.04	0.05	0.06	0.07	0.08	0.09
0.0	.0000	.0040	.0080	.0120	.0160	.0199	.0239	.0279	.0319	.0359
0.1	.0398	.0438	.0478	.0517	.0557	.0596	.0636	.0675	.0714	.0753
0.2	.0793	.0832	.0871	.0910	.0948	.0987	.1026	.1064	.1103	.1141
0.3	.1179	.1217	.1255	.1293	.1331	.1368	.1406	.1443	.1480	.1517
0.4	.1554	.1591	.1628	.1664	.1700	.1736	.1772	.1808	.1844	.1879
0.5	.1915	.1950	.1985	.2019	.2054	.2088	.2123	.2157	.2190	.2224
0.6	.2257	.2291	.2324	.2357	.2389	.2422	.2454	.2486	.2517	.2549
0.7	.2580	.2611	.2642	.2673	.2704	.2734	.2764	.2794	.2823	.2852
0.8	.2881	.2910	.2939	.2967	.2995	.3023	.3051	.3078	.3106	.3133
0.9	.3159	.3186	.3212	.3238	.3264	.3289	.3315	.3340	.3365	.3389
1.0	.3413	.3438	.3461	.3485	.3508	.3531	.3554	.3577	.3599	.3621
1.1	.3643	.3665	.3686	.3708	.3729	.3749	.3770	.3790	.3810	.3830
1.2	.3849	.3869	.3888	.3907	.3925	.3944	.3962	.3980	.3997	.4015
1.3	.4032	.4049	.4066	.4082	.4099	.4115	.4131	.4147	.4162	.4177
1.4	.4192	.4207	.4222	.4236	.4251	.4265	.4279	.4292	.4306	.4319
1.5	.4332	.4345	.4357	.4370	.4382	.4394	.4406	.4418	.4429	.4441
1.6	.4452	.4463	.4474	.4484	.4495	.4505	.4515	.4525	.4535	.4545
1.7	.4554	.4564	.4573	.4582	.4591	.4599	.4608	.4616	.4625	.4633
1.8	.4641	.4649	.4656	.4664	.4671	.4678	.4686	.4693	.4699	.4706
1.9	.4713	.4719	.4726	.4732	.4738	.4744	.4750	.4756	.4761	.4767
2.0	.4772	.4778	.4783	.4788	.4793	.4798	.4803	.4808	.4812	.4817
2.1	.4821	.4826	.4830	.4834	.4838	.4842	.4846	.4850	.4854	.4857
2.2	.4861	.4864	.4868	.4871	.4875	.4878	.4881	.4884	.4887	.4890
2.3	.4893	.4896	.4898	.4901	.4904	.4906	.4909	.4911	.4913	.4916
2.4	.4918	.4920	.4922	.4925	.4927	.4929	.4931	.4932	.4934	.4936
2.5	.4938	.4940	.4941	.4943	.4945	.4946	.4948	.4949	.4951	.4952
2.6	.4953	.4955	.4956	.4957	.4959	.4960	.4961	.4962	.4963	.4964
2.7	.4965	.4966	.4967	.4968	.4969	.4970	.4971	.4972	.4973	.4974
2.8	.4974	.4975	.4976	.4977	.4977	.4978	.4979	.4979	.4980	.4981
2.9	.4981	.4982	.4982	.4983	.4984	.4984	.4985	.4985	.4986	.4986
3.0	.4987	.4987	.4987	.4988	.4988	.4989	.4989	.4989	.4990	.4990
3.1	.4990	.4991	.4991	.4991	.4992	.4992	.4992	.4992	.4993	.4993
3.2	.4993	.4993	.4994	.4994	.4994	.4994	.4994	.4995	.4995	.4995
3.3	.4995	.4995	.4995	.4996	.4996	.4996	.4996	.4996	.4996	.4997
3.4	.4997	.4997	.4997	.4997	.4997	.4997	.4997	.4997	.4997	.4998
3.5	.4998	.4998	.4998	.4998	.4998	.4998	.4998	.4998	.4998	.4998

第 4 章

梅干しは本当に減塩か？ ～母平均を推定する～

ある梅干し工場では，減塩の梅干しを生産しています．この工場で生産している梅干しのパッケージには，「塩分濃度 **7.0**〔%〕の減塩梅干し」と書かれています．さて，生産されている梅干しから，任意に **10** 粒を取り出して，その濃度を計測してみたところ，**10** 粒の塩分濃度は次の表のようになりました．取り出した **10** 粒の塩分濃度から，この工場で生産している梅干しは，パッケージの記載通り，塩分濃度 **7.0**〔%〕になっている，減塩梅干しであると言えるでしょうか．

サンプル番号	1	2	3	4	5	6	7	8	9	10
塩分濃度	6.96	6.92	7.21	6.87	6.95	6.86	6.94	6.98	7.27	7.18

4.1 標本平均と母集団の平均はどんな関係？

さて，第 3 章の話より，推測統計では，母集団を考えなければならないことがわかりました．しかし，母集団は，いわば，氏素性が全くわからない，得体の知れないものです．手元にある標本となるデータだけで，母集団の氏素性，つまり，母平均と母分散を暴かなければならないのです．

ここで，どのようにすれば，手元にある標本となるデータから，母平均と母分散を求めることができるのだろうか，ということが問題になります．実は，標本の平均（**標本平均**)」を使うのが，母平均を求めるために一番適した方法です．しかし，標本平均は，母平均と，必ずしも一致しません．例えば，図 4.1 のように，母集団から，ものすごく偏った標本を取ってきたとしましょう．すると，取ってきた標本の平均と，母平均は，一致しないことがわかります．

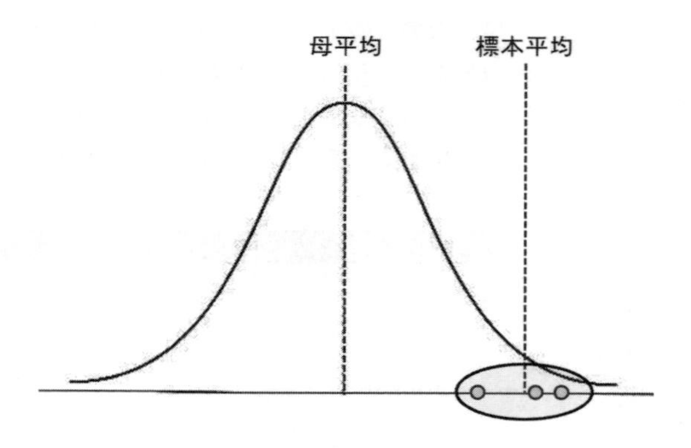

図 4.1　母集団からものすごく偏った標本を取ってきた例

しかし，いま，手元にある標本の他に，たくさんの標本を取ってきたとしましょう．そして，この，取ってきた標本の平均をそれぞれ求めて，標本平均の平均を求めると，実は，母平均に一致するという性質があります．この，「標本平均の平均が，母平均に一致する性質」のため，標本平均が，母平均を求めるために一番適した方法であると言えます．

さて，標本をたくさん取ってきて，それぞれの標本平均について，ヒストグラムを描いてみることを考えてみます．

例えば，とある小学 6 年生のクラス 40 人のうち，任意の 10 人の身長のデータを取得するとしましょう．1から40の番号が書かれているくじ引きを10回行って，番号の書かれた出席番号の生徒の身長を測るとしましょう．10回のデータ取得が終わったらそのデータの平均(標本平均)を求めます．この10回の操作で得られたデータを1個の標本として，この一連の操作を10回繰り返すとしましょう．すると，10個の標本平均の分布が得られることでしょう．その分布のヒストグラムを描くと，何らかの分布になることがわかるでしょう．この，「標本平均の分布」のことを，**標本分布**と言います．実際には，標本分布は，考えられる全ての標本平均の分布を表したものです．

先の小学6年生のクラス40人のうちから，任意の10人の身長のデータを取得することを考えると，40人から任意の10人を選ぶ組み合わせは，847,660,528通りあります（$_{40}C_{10}$ 通りになります）．この，847,660,528通り全ての選び方（標本のとり方）について，標本平均を求めて，繰り返し標本平均を求めた結果得られた分布のことが，「考えられる全ての標本平均の分布」という意味になります．そして，この，**標本分布の平均が，母平均と一致する**，ということになります．なお，標本分布は，**母集団がどのような分布であっても，標本の数が多いと，必ず，正規分布になる**という性質があります．

分布を考えるということは，分散についても考えなければなりません．標本分布の分散は，どういう意味を持つのでしょうか．第2章で説明したように，分散とは，データのばらつきを示す指標です．したがって，標本分布の分散は，考えられる全ての標本平均のばらつきを示しています．

もう一度，標本分布というものをおさらいします．標本分布とは，考えられる全ての標本平均の分布を表したものです．とすると，もし，標本分布の分散が小さければ，仮に，母集団から，何回も標本を取ってきたとしても，同じような標本平均が得られる可能性が高いということを意味しています．この，標本分布の分散について，次の性質がわかっています．

標本分布の分散

「標本分布の分散」は，母分散を，データ数で割った値になる．つまり，

$$(\text{標本分布の分散}) = \frac{(\text{母分散})}{(\text{データの個数}\ (N))}$$

となる．

いまの例の場合，各標本あたりのデータ数が 10 ですから，標本分布の分散は，母分散の 1/10 になるというわけです．この状況を図 4.2 に示します．

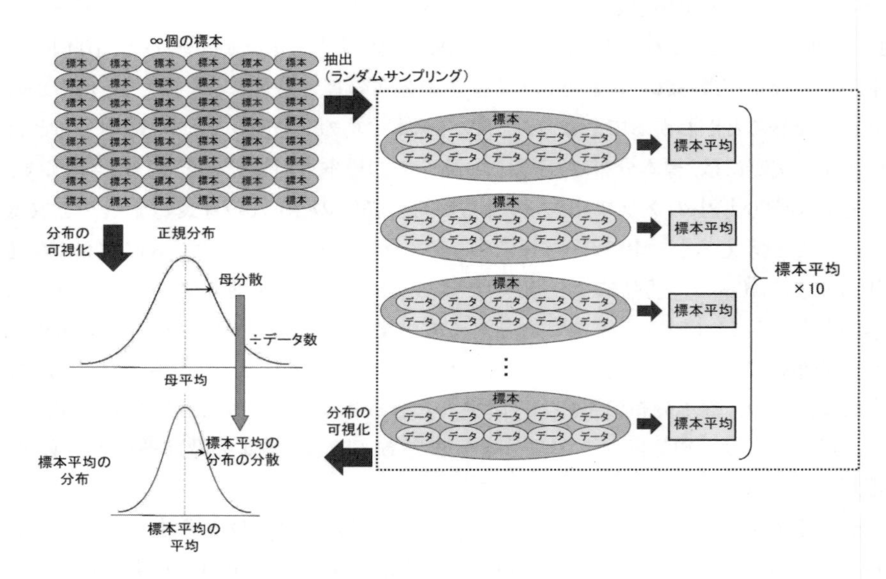

図 4.2　母集団からランダムサンプリングされた標本平均の分布

さて，標本平均を用いることによって，母平均を求めるとは言いましたが，「ドンピシャに・寸分の狂いなく」言い当てることは不可能です．何故なら，手元にある標本は，取得できる可能性のある標本のうちの一部に過ぎないからです．この「ドンピシャに・寸分の狂いなく」母平均を当てることを**点推定**といいます．現実的には，点推定を行うことは不可能です．しかし，手元にある標本をから，母平均はどの程度の値なのか，**推定**することであれば，可能です．これを**区間推定**と言います．

先の小学 6 年生のクラス 40 人のうちから，任意の 10 人の身長のデータを取得した状況を考えましょう．この 10 人のデータから，クラス 40 人の身長の平均（つまり，母集団の平均）を「ドンピシャに・寸分の狂いなく」言い当てることは不可能です．ですが，「クラス 40 人の平均身長は 140 cm から 150 cm の間である」と推定することは可能です．この推定についても，

「クラス 40 人の平均身長は 50 cm から 200 cm の間である」

と言っても，確かに外れではありません．ですが，あまりに範囲が広すぎて，とてもではないですが，推定の精度が高い，とは言えないでしょう．一方で，

「クラス 40 人の平均身長は 140 cm から 150 cm の間である」

と言ったとすると，外れてもいないですし，先程の「クラス 40 人の平均身長は 50 cm から 200 cm の間である」という言い方より，精度の高い推定である，と言えるでしょう．

このことを踏まえつつ，ここで，ちょっと話を変えて，第 3 章のおさらいをしましょう．

第 3 章では，「標準正規分布では，-2 から 2 の間の面積は，全体の 95.44%である」ということを学びました．しかし，「全体の 95.44%」というよりも，「全体の 95%」というように言い切れるとスッキリします．そして，次に考えるのは，「標準正規分布で，全体の面積の 95%となる領域は，どの範囲なんだろう？」ということですが，「標準正規分布では，-1.96 から 1.96 の間の面積は，全体の 95%である」ということがわかっています．これを踏まえると，平均と，分散か標準偏差がわかっている正規分布で，全体の面積の 95%となる領域は，第 3 章と同じような計算で，次のように求められます．

全体の面積の 95%となる領域

平均と，分散か標準偏差がわかっている正規分布で，全体の面積の **95%**となるのは，$-1.96 \times$ (標準偏差) $+$ (平均) から $1.96 \times$ (標準偏差) $+$ (平均) の範囲である．

このことを踏まえて，また，先の，標本分布の話に戻ります．標本平均は，母平均とは必ずしも一致しない，ということを書きました．標本のとり方によっては，母平均と，限りなく近い値になるでしょうし，逆に，母平均とかけ離れた値になるはずです．ただ，直感的には，標本分布を考えると，母平均に近い値は非常に得られやすく，逆に，母平均からかけ離れた値は，めったに得られないのではないかと思うでしょう（図 4.3）．

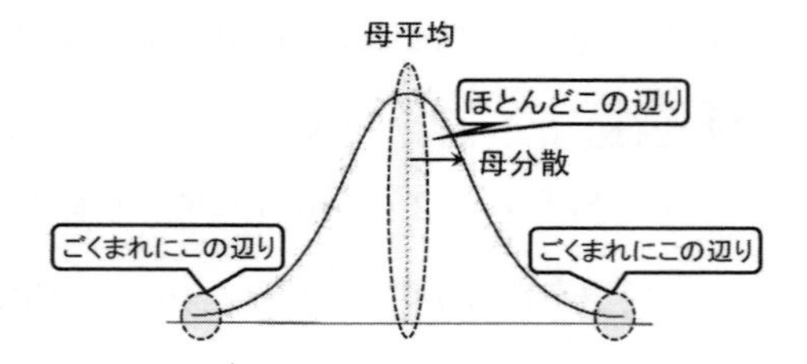

図 **4.3** 大体は，標本平均は母平均と近いところに存在する

このことと，第 3 章の内容を踏まえると，標本平均が，標本分布全体のうち，

$$\begin{aligned}-1.96\times\sqrt{(\text{標本分布の分散})}+(\text{標本分布の平均}) &\leqq (\text{標本平均})\\ &\leqq 1.96\times\sqrt{(\text{標本分布の分散})}+(\text{標本分布の平均})\end{aligned} \tag{4.1}$$

の領域に，95%の割合で存在することがわかります．95%の割合で存在する範囲を言い当てることができれば，それは，精度の高い推定になると言えるでしょう．

いま，ここで，**標本分布の平均は，母平均に等しい**ことを思い出しましょう．それから，**標本分布の分散は，(母分散)/(データの個数 ($\boldsymbol{N}$))** であることも思い出しましょう．これらを，式 (4.1) に代入すると，

$$\begin{aligned}-1.96\times\sqrt{\frac{(\text{母分散})}{(\text{データの個数}\ (N))}}+(\text{母平均}) &\leqq (\text{標本平均})\\ &\leqq 1.96\times\sqrt{\frac{(\text{母分散})}{(\text{データの個数}\ (N))}}+(\text{母平均})\end{aligned} \tag{4.2}$$

となります．この式を少しいじってみましょう．まず，

$$-1.96\times\sqrt{\frac{(\text{母分散})}{(\text{データの個数}\ (N))}}+(\text{母平均}) \leqq (\text{標本平均})$$

について，左辺の，$-1.96\sqrt{(\text{母分散})/(\text{データの個数}\ (N))}$ を右辺に移項することで，次のように変形します．

$$(\text{母平均}) \leqq 1.96\times\sqrt{\frac{(\text{母分散})}{(\text{データの個数}\ (N))}}+(\text{標本平均}) \tag{4.3}$$

次に，

$$(\text{標本平均}) \leqq 1.96 \times \sqrt{\frac{(\text{母分散})}{(\text{データの個数}\ (N))}} + (\text{母平均})$$

について，右辺の，$1.96\sqrt{(\text{母分散})/(\text{データの個数}\ (N))}$ を左辺に移項することで，次のように変形します．

$$-1.96 \times \sqrt{\frac{(\text{母分散})}{(\text{データの個数}\ (N))}} + (\text{標本平均}) \leqq (\text{母平均}) \tag{4.4}$$

式 (4.3) と式 (4.4) より，次の式 (4.5) が成り立ちます．

$$\begin{aligned} -1.96\times\sqrt{\frac{(\text{母分散})}{(\text{データの個数}\ (N))}} + (\text{標本平均}) &\leqq (\text{母平均}) \\ &\leqq 1.96 \times \sqrt{\frac{(\text{母分散})}{(\text{データの個数}\ (N))}} + (\text{標本平均}) \end{aligned} \tag{4.5}$$

これを図示すると，図 4.4 のようになります．

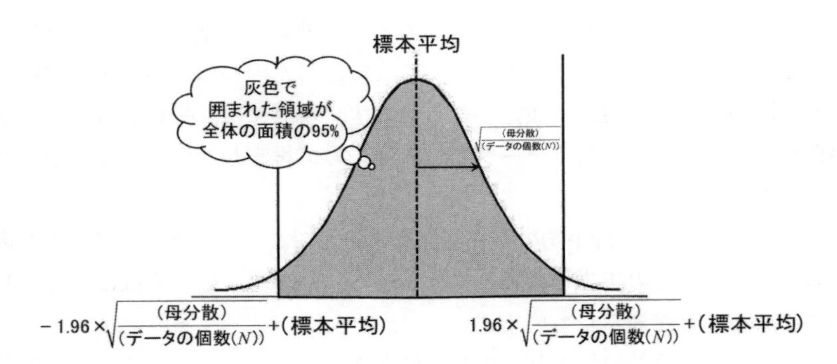

図 **4.4** 母平均の存在範囲

この，「95%の確率で」という言い方を補足しましょう．標本のとり方によっては，とても偏った標本になってしまう可能性があります．その場合は，標本を手がかりにして推定した母平均が，非常にかけ離れた所であると推定される可能性もあります．その「非常にかけ離れたところであると推定される可能性」が 5%である，ということです．5%というと，100回標本をサンプリングすると，「とても偏った標本が得られ，母集団が正確に推定できない」ということが，たった5回程度しか起こらない．そして，それはめったに起こらないことであり，推定する上では全く影響がない，と見なしてしまうわけです，ここでは，「5%」を，「めったに起こらない」か，「そうでないか」の境目にしています．このように，「めったに起こらない」か，「そうでないか」の境目になる基準値を，**有意水準**と言います．いま，100回標本をサンプリングして，5回，とても偏った標本が得られたときに，母集団が正確に推定できないと考えることにしているので，**有意水準5%**と言います*1．「**95%信頼区間**」とも言います．

さて，式(4.5)から，恐らく，標本平均を用いて，母平均の存在範囲を推定することができるように思えます．しかし，母分散という文字が残っています．母集団の性質から，母分散は未知なので，このままでは母平均の存在範囲を求めることはできません．

4.2 不偏分散

ここまでは，母分散が分かっているものとして進めてきましたが，現実にはそんなことはあり得ません．ですので，ここまで話した内容は，あくまで理解しやすさや，話の都合上暫定的に設定したことです．現実には，**平均も分散もわからない母集団について，眼前のデータだけを基にして推定しなければならない**ということになります．

特に，式(4.5)から，母平均の存在範囲を推定することはできそうですが，母分散は未知なので，このままでは推定できません．しかし，標本分散は，母分散より小さくなることが知られています．

そのため，標本分散の値より，少しだけ大きな値に補正し，それを，母分散とすることにします．この，「標本分散の値より，少しだけ大きな値に補正した値」のことを，**不偏分散**と言います．不偏分散は，次のような式で表されます．

*1 もし，1回，とても偏った標本が得られたときに，母集団が正確に推定できないとすれば，有意水準1%となりますし，10回とすれば，有意水準10%となります．有意水準の決め方は，状況により様々です．

不偏分散

各データの値から平均値を引いた値の二乗を計算し，それを全てのデータの分だけ足し合わせ，その結果を (データの個数 − 1) で割ったもの，つまり，

$$(\text{不偏分散}) = \frac{(1\,\text{番目のデータ} - \text{平均})^2 + \cdots + (N\,\text{番目のデータ} - \text{平均})^2}{(\text{データの個数}\,(N) - 1)}$$

で表される．

ここで第 2 章で出てきた分散の定義式，

分散

$$(\text{分散}) = \frac{(1\,\text{番目のデータ} - \text{平均})^2 + \cdots + (N\,\text{番目のデータ} - \text{平均})^2}{(\text{データの個数}\,(N))}$$

と比較してみましょう．割る数（つまり分母）が，分散では「データの個数」だったのに対し，不偏分散では「データの個数 − 1」になっていることに注意して下さい．母分散は，手元にある標本の分散よりも大きくなると考えるためです．これは，標本よりもサンプル数が多い母集団の方がデータがばらつくのではないかという考えに起因しています．

以上より，次のようにまとめることができます．

不偏分散

標本分散だけを手がかりにして，母分散を推定したもの（不偏分散）を求める場合は，

$$(\text{不偏分散}) = \frac{(\text{各データの値} - \text{平均})^2\text{の総和}}{(\text{データの個数}\,(N) - 1)}$$

で求められる．

不偏分散は s^2 という記号で表されることが多いです．不偏分散は式としては次

のように表されます．

$$(\text{不偏分散})\ s^2 = \frac{1}{N-1}\sum_{i=1}^{N}(x_i - \bar{x})^2 \tag{4.6}$$

4.3 》》 母平均の存在範囲を推定する

今学んだ不偏分散を使えば，母分散が未知の場合でも，標本平均と，標本分散（標本標準偏差）がわかっていれば，母分散を推定できます．母標準偏差の箇所を，$\sqrt{\text{不偏分散}}$ に置き換えれば良いのです．要は，母分散（母標準偏差）というものはわからないので，標本を手がかりにして，母標準偏差を推定した，$\sqrt{\text{不偏分散}}$ を使う，ということです．式 (4.5) は，

$$-1.96 \times \sqrt{\frac{(\text{母分散})}{(\text{データの個数}\ (N))}} + (\text{標本平均}) \leqq (\text{母平均}) \leqq 1.96 \times \sqrt{\frac{(\text{母分散})}{(\text{データの個数}\ (N))}} + (\text{標本平均})$$

という式でした．この式の「母分散」を，「不偏分散」に置き換えれば良いのです．つまり，

$$-1.96 \times \sqrt{\frac{(\text{不偏分散})}{(\text{データの個数}\ (N))}} + (\text{標本平均}) \leqq (\text{母平均}) \leqq 1.96 \times \sqrt{\frac{(\text{不偏分散})}{(\text{データの個数}\ (N))}} + (\text{標本平均}) \tag{4.7}$$

となります．

標本平均も，不偏分散も，得られた標本より求められます．したがって，以上より，目の前にある標本だけを頼りにして，母平均が 95％の割合で存在する範囲を求めることができます．

まとめると，次のようになります．

まとめ

母分散が未知の母集団から N 個の標本が抽出されてできた分布（標本分布）は正規分布であり，母平均は，**95%**の確率で，

$$-1.96 \times \sqrt{\frac{(\text{不偏分散})}{(\text{データの個数}\ (N))}} + (\text{標本平均})\ \text{から}$$

$$1.96 \times \sqrt{\frac{(\text{不偏分散})}{(\text{データの個数}\ (N))}} + (\text{標本平均})\ \text{の領域に存在する．}$$

さて，3.2 節の式 (3.1) で，標準化について学びました．これは，得られたデータを，平均 0，分散 1 のデータに変換することでした．計算は，((元のデータ(値)) − (平均))/(標準偏差) でした．そして，標準化する前のデータが正規分布する場合には，標準化されたデータは，標準正規分布に従うのでした．標準化は，標本分布についても行うことができます．「(標本分布の平均) = (母平均)」であり，「(標本分布の標準偏差) = (母標準偏差)/$\sqrt{(\text{データの個数}\ (N))}$」なので，式 (3.1) の「平均」を「母平均」に，「標準偏差」を「(母標準偏差)/$\sqrt{(\text{データの個数}\ (N))}$」に置き換えると，

$$\frac{(\text{標本平均}) - (\text{母平均})}{(\text{母標準偏差})/\sqrt{(\text{データの個数}\ (N))}} \tag{4.8}$$

となります．式 (4.8) には母標準偏差が含まれますが，この値は未知です．

そこで，母標準偏差の代わりに，標本分布から推定された母分散の平方根である $\sqrt{(\text{不偏分散})}$ を使うことになります．式 (4.8) の「母標準偏差」の箇所を，$\sqrt{(\text{不偏分散})}$ に置き換えると，

$$\begin{aligned}(\text{標準化された標本平均}) &= \frac{(\text{標本平均}) - (\text{母平均})}{\sqrt{(\text{不偏分散})}/\sqrt{(\text{データの個数}\ (N))}} \\ &= \frac{(\text{標本平均}) - (\text{母平均})}{\sqrt{(\text{不偏分散})/(\text{データの個数}\ (N))}} \end{aligned} \tag{4.9}$$

となります．この「標準化された標本平均」を t 値と言い，記号 t で表します．

4.4 少ない標本数では正規分布は使えない！～t 分布～

母標準偏差の代わりに $\sqrt{不偏分散}$ を使った場合，やっかいなことが起きます．標本から計算する，$\sqrt{不偏分散}$ は，母標準偏差と，さほど遠くない値にはなりそうですが，必ずしも等しくはなりません．標本数が大きい場合には，標準化された標本平均の分布は，標準正規分布に非常に近いものになります．一方で，標本数が少ない場合は，標準化された標本平均は，標準正規分布と大きな誤差を生じてしまうのです[*2]．したがって，母標準偏差ではなく，$\sqrt{不偏分散}$ で代用すると，標準化された標本平均は，標準正規分布に従わなくなってしまいます．

さて，そうすると，これまで見てきた，「全体の 95%となる領域」を表す 1.96 という値について考えなければなりません．この値は，標準正規分布の下で得られた値です．先程の内容から，標本数が大きい場合であれば，「標準化された標本平均の分布は，標準正規分布に非常に近いもの」になるので，1.96 という値をそのまま使っても差し支えありません．

つまり，母分散が未知の母集団から N 個の標本が抽出されてできた分布（標本分布）の母平均が，$-1.96 \times \sqrt{(不偏分散)/(データの個数\,(N))} + (標本平均)$ から $1.96 \times \sqrt{(不偏分散)/(データの個数\,(N))} + (標本平均)$ の領域に存在する，という話も，N が大きいときだから成り立つわけです．

しかし，N が小さいと，標準正規分布で考えることができなくなります．そのため，1.96 という値をそのまま使うと，あまり具合が良くありません．

母標準偏差の代わりに，$\sqrt{不偏分散}$ を使うと，標準化された標本分布は，標準正規分布ではなく，t 分布という分布に従うようになります．この t 分布というものは，データの個数 $(N) - 1$ で定義される**自由度**と呼ばれるものによって形状が異なるという性質を持ちます．t 分布は，データの個数 (N) が大きい場合は標準正規分布とほぼ同じと見なして良いのですが，データの個数 (N) が少ない場合は，標準正規分布とは異なってきます．データの個数 (N) によって t 分布の形状がどのように変化するか，図 4.5 に示します．自由度が大きくなると，標準正規

[*2] 定義式について，母標準偏差では $1/\sqrt{N}$ がつきますが，不偏分散では $1/\sqrt{N-1}$ がつきます．N が非常に大きいとき，例えば $N = 1000$ のときは，$1/\sqrt{1000-1} = 1/\sqrt{999}$ も $1/\sqrt{1000}$ も，どちらも，ほぼ 0.032 であり，誤差も，小数点 5 桁目に生じる程度の小さいものです．一方で，N が小さいとき，例えば $N = 5$ のときは，$1/\sqrt{5-1} = 1/\sqrt{4} = 0.50$，$1/\sqrt{5} \fallingdotseq 0.45$ となり，小数点 2 桁目に誤差が生じます．このことから直感的に理解できるかと思います．

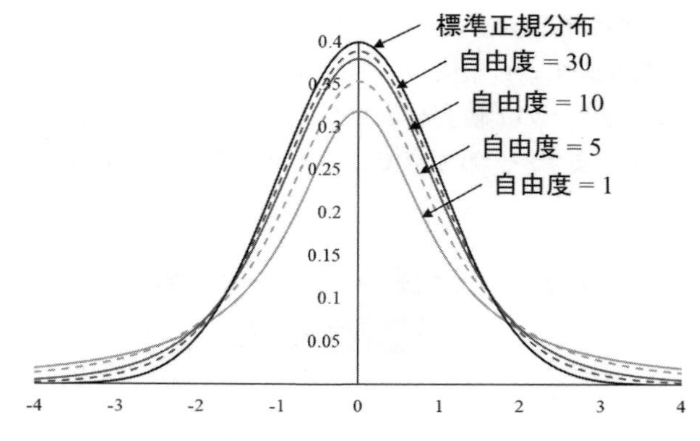

図 **4.5**　自由度に応じた t 分布の形状の違い

分布に近づいていることがわかると思います．

そして，標準正規分布とは異なり，全体の面積の 95%となる範囲は，t 分布の形状によって，図 4.6 の灰色部のように異なります．

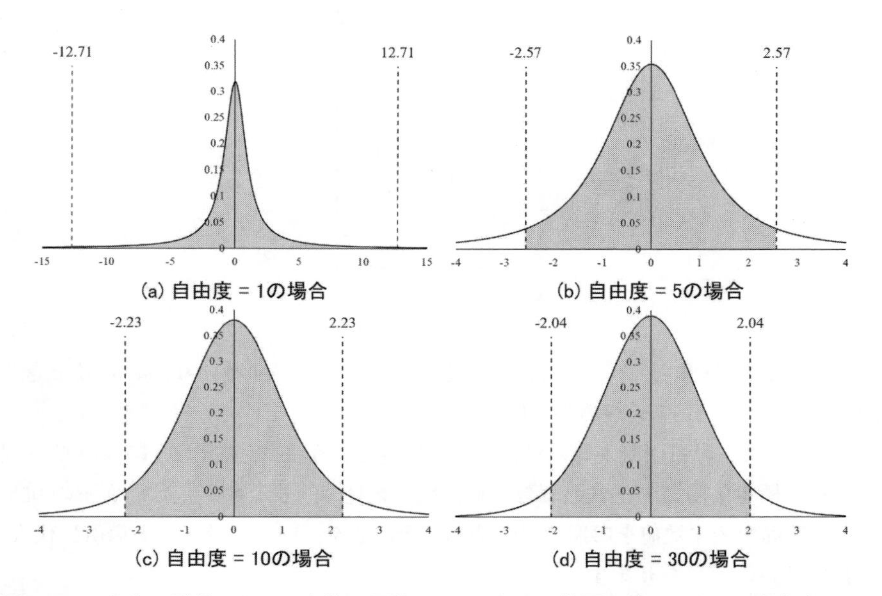

図 **4.6**　t 分布の形状による，全体の面積の **95%**となる範囲の違い．**(a):** 自由度 ＝ **1**，**(b):** 自由度 ＝ **5**，**(c):** 自由度 ＝ **10**，**(d):** 自由度 ＝ **30**

自由度が増すにつれて，全体の面積の95%となる範囲は狭まり，自由度 $= \infty$ のとき，1.96になります．自由度毎の，「t 値と，t 分布で囲まれる面積が，全体の面積の95%になるときの t 値」を表す数値を，表4.1に示します．表4.1には「両側」と書いてありますが，第5章でこの言葉を説明しますので，今は気にしないで下さい．

表 4.1 t 分布表（有意水準 **5%**，両側）

自由度	$p = 0.05$
1	12.71
2	4.30
3	3.18
4	2.78
5	2.57
6	2.45
7	2.37
8	2.31
9	2.26
10	2.23
⋮	⋮
20	2.09
25	2.06
30	2.04
50	2.01
100	1.98
∞	1.96

なお，この「t 値と，t 分布で囲まれる面積が，全体の面積の95%になるときの t 値」のことを，**t 値の境界値**と呼ぶことにします．

したがって，母集団が未知の場合の区間推定を行うには，式(4.7)について，「対象となる標本集団のデータの個数（自由度）を見て，表より，全体の面積の95%となる範囲を表す数値を参照する．そしてその値を，1.96に該当する箇所に代入」すれば良いことになります．

標本集団のデータの個数が非常に多い場合は，自由度 $= \infty$ のときの値，つまり，1.96を用います．また，得られた自由度の値が t 分布表に記載されていない場合は，t 分布表に記載されている自由度の中で，得られた自由度に最も近い自由度の値で代用します．

以上より，母分散が未知の母集団から得られたデータの個数 (N) が少ないときに，母平均が存在する領域は，次のように求めます．

母平均の存在領域

母分散が未知の母集団から N 個の標本が抽出されてできた分布（標本分布）は t 分布であり，母平均は，**95%**の確率で，

$$-(t\,\text{値の境界値}) \times \sqrt{\frac{(\text{不偏分散})}{(\text{データの個数}\ (N))}} + (\text{標本平均})\ \text{から}$$

$$(t\,\text{値の境界値}) \times \sqrt{\frac{(\text{不偏分散})}{(\text{データの個数}\ (N))}} + (\text{標本平均})$$

の領域に存在する．

なお，$\sqrt{\frac{(\text{不偏分散})}{(\text{データの個数}\ (N))}}$ のことを，標準誤差と言います．

4.5 母集団がわからないときの区間推定

母集団の性質から，一般的には，母分散はわからないことが多いですので，本節で述べた方法で区間推定を行う場合が専らになります．ここまでの話を整理するため，母分散未知の場合の，区間推定のやり方をまとめます．与えられているデータ（標本）は，次のようなものとします．

表 4.2 母分散未知の場合の区間推定におけるデータ例

サンプル No.	1	2	···	N-1	N
数値	x_1	x_2	···	x_{N-1}	x_N

このとき区間推定はこのような手順で行います．

手順 **1** 標本平均を求めます．

$$(\text{標本平均}) = \frac{(1\text{ 番目のデータ}) + (2\text{ 番目のデータ}) + \cdots + (N\text{ 番目のデータ})}{(\text{データの個数 }(N))}$$

〉手順〉**2**　不偏分散を求めます．

$$(\text{不偏分散}) = \frac{(\text{各データの値} - \text{平均})^2\text{の総和}}{(\text{データの個数 }(N) - 1)}$$

〉手順〉**3**　標準誤差を求めます．

$$(\text{標準誤差}) = \sqrt{\frac{(\text{不偏分散})}{(\text{データの個数 }(N))}}$$

〉手順〉**4**　t 値の境界値を求めます．自由度は (データの個数 $(N) - 1$) で求められるので，自由度と有意水準（有意水準は各自設定します）より t 分布表を参照して求めます．データの個数が多い場合は 自由度 $= \infty$ とします．

〉手順〉**5**　$-$(t 値の境界値) $\times$ (標準誤差) $+$ (標本平均) および (t 値の境界値) $\times$ (標準誤差) $+$ (標本平均) より区間推定します．母平均は，95%の確率でこの領域に挟まれた範囲に存在する，ということになります．

以上を踏まえて，冒頭の例について，実際に区間推定をやってみましょう．冒頭の例では，母集団の分散は未知ですので，「母集団が未知の場合の区間推定」を行うことになります．

〉手順〉**1**　標本平均を求めます．

$$(\text{標本平均}) = \frac{6.96 + 6.92 + \cdots + 7.18}{10} = 7.014\ 〔\%〕$$

〉手順〉**2**　不偏分散を求めます．

$$\begin{aligned}(\text{不偏分散}) \\ &= \frac{(6.96 - 7.014)^2 + (6.92 - 7.014)^2 + \cdots + (7.18 - 7.014)^2}{10 - 1} \\ &= \frac{0.1984}{10 - 1} \fallingdotseq 0.02205 \fallingdotseq 0.0220\ 〔\%^2〕\end{aligned}$$

〉手順〉3 標準誤差を求めます．

$$(標準誤差) = \sqrt{\frac{0.02205}{10}} \fallingdotseq 0.04696 \fallingdotseq 0.0470\,〔\%〕$$

〉手順〉4 t 値の境界値を求めます．自由度は (データの個数 − 1) で求められるので，自由度と有意水準（有意水準は各自設定します）より t 分布表を参照して求めます．データの個数が多い場合は 自由度 $= \infty$ とします．
自由度は $10 - 1 = 9$ となるので，t 分布表を参照すると，t 値の境界値 $\fallingdotseq 2.262$ となります．

〉手順〉5 −(t 値の境界値) × (標準誤差) + (標本平均) および (t 値の境界値) × (標準誤差) + (標本平均) より区間推定します．母平均は，95%の範囲でこの領域に挟まれた範囲に存在する，ということになります．

$$\begin{aligned} &-(t\,値の境界値) \times (標準誤差) + (標本平均) \\ &\quad = 7.014 - 2.262 \times 0.04696 \fallingdotseq 6.907 \fallingdotseq 6.91[\%] \\ &(t\,値の境界値) \times (標準誤差) + (標本平均) \\ &\quad = 7.014 + 2.262 \times 0.04696 \fallingdotseq 7.120 \fallingdotseq 7.12[\%] \end{aligned}$$

したがって，この工場で作られる梅干しの塩分濃度は，95%の確率で，6.91〔%〕から 7.12〔%〕の間にあることがわかります．パッケージには 7.0〔%〕と書かれており，有意水準を 5%に設定しましたので，この工場で作られる梅干しは，パッケージに偽りのない濃度になっていると判断できます．この状況を図 4.7 に示します．

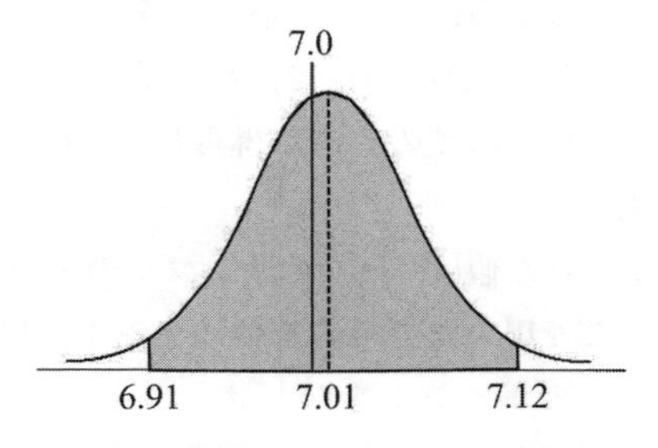

図 **4.7** 梅干しの塩分濃度の信頼区間とパッケージの表記 (**7.0**〔%〕) の関係

4.6 Excel の関数を使って区間推定を行う

前節の内容を，Excel の関数を使って区間推定を行ってみましょう．次のような手順となります．

手順 1 例にならって，「サンプル番号」「塩分濃度」のデータを入力します．ここでは，「サンプル番号」は A 列の，「塩分濃度」は B 列の，それぞれ 2〜11 行に入力されているとします（図 4.8）．

手順 2 平均を算出します．適当なセル（例えば B12 セル）に，"=AVERAGE(B2:B11)" と入力しましょう．すると，平均値が得られ，その値は 7.0140 となります（図 4.9）．

	A	B
1	サンプル番号	塩分濃度
2	1	6.96
3	2	6.92
4	3	7.21
5	4	6.87
6	5	6.95
7	6	6.86
8	7	6.94
9	8	6.98
10	9	7.27
11	10	7.18

図 4.8 「サンプル」「塩分濃度」のデータ入力

	A	B
1	サンプル番号	塩分濃度
2	1	6.96
3	2	6.92
4	3	7.21
5	4	6.87
6	5	6.95
7	6	6.86
8	7	6.94
9	8	6.98
10	9	7.27
11	10	7.18
12	平均	7.0140

=AVERAGE(B2:B11)

図 4.9 平均の算出

手順 3 不偏分散を求めるために，まず，各データと平均値の差の二乗を計算します．C2 セルに，"=(B2-$B$12)^2" と入力しましょう．すると，最初のサンプルと平均値の差の二乗が得られ，その値は，0.00292 程度となります（図 4.10）．

手順 4 手順 3 で得られた値は，最初のサンプルのデータと平均値の差の二乗ですので，ここで用いた計算式を他のサンプルにも適用します．C2 セル右下にマウスのポインタを合わせ，ポインタが + に変わったところで，C11 セルまでドラッグします（図 4.10）．

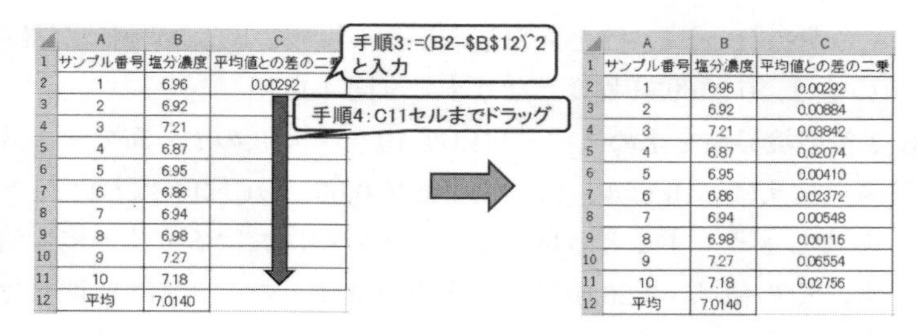

	A	B	C
1	サンプル番号	塩分濃度	平均値との差の二乗
2	1	6.96	0.00292
3	2	6.92	
4	3	7.21	
5	4	6.87	
6	5	6.95	
7	6	6.86	
8	7	6.94	
9	8	6.98	
10	9	7.27	
11	10	7.18	
12	平均	7.0140	

	A	B	C
1	サンプル番号	塩分濃度	平均値との差の二乗
2	1	6.96	0.00292
3	2	6.92	0.00884
4	3	7.21	0.03842
5	4	6.87	0.02074
6	5	6.95	0.00410
7	6	6.86	0.02372
8	7	6.94	0.00548
9	8	6.98	0.00116
10	9	7.27	0.06554
11	10	7.18	0.02756
12	平均	7.0140	

図 **4.10**　各サンプルのデータと平均値の差の二乗の計算

〉手順〉**5**　〉手順〉4 で得られた「各サンプルのデータと平均値の差の二乗」の総和を求めます．適当なセル（例えば B13 セル）に，"=SUM(C2:C11)" と入力しましょう．すると,「各サンプルのデータと平均値の差の二乗」の総和が得られ，その値は，0.1984 程度となります（図 4.11）.

〉手順〉**6**　不偏分散を求めます．不偏分散は，〉手順〉5 で得られた「各サンプルのデータと平均値の差の二乗」の総和を，(データ数 −1) で割った値となります．適当なセル (例えば B14 セル) に, "=B13/(COUNT(B2:B11)-1)" と入力しましょう．すると，不偏分散が得られ，その値は，0.022049 程度となります（図 4.11).

〉手順〉**7**　標準誤差を求めます．標準誤差は，不偏分散をデータ数で割った値の平方根になります．適当なセル（例えば B15 セル）に，"=SQRT(B14/

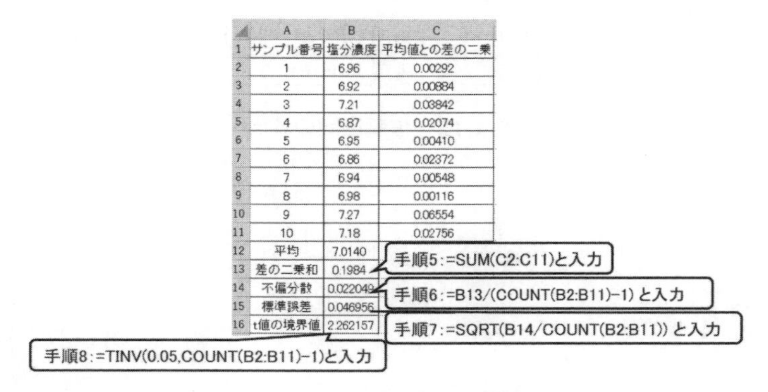

	A	B	C
1	サンプル番号	塩分濃度	平均値との差の二乗
2	1	6.96	0.00292
3	2	6.92	0.00884
4	3	7.21	0.03842
5	4	6.87	0.02074
6	5	6.95	0.00410
7	6	6.86	0.02372
8	7	6.94	0.00548
9	8	6.98	0.00116
10	9	7.27	0.06554
11	10	7.18	0.02756
12	平均	7.0140	
13	差の二乗和	0.1984	
14	不偏分散	0.022049	
15	標準誤差	0.046956	
16	t値の境界値	2.262157	

図 **4.11**　t 分布の **95%** 境界値の算出

COUNT(B2:B11))" と入力しましょう．すると，標準誤差が得られ，その値は，0.046956 程度となります（図 4.11）．

手順 8　t 値の境界値を求めます．自由度 $10 - 1 = 9$ の t 分布です．適当なセル（例えば B16 セル）に，"=TINV(0.05,COUNT(B2:B11)-1)" と入力しましょう．すると，自由度 9 の t 分布における t 値の境界値が得られ，その値は，2.262157 程度となります．なお，TINV 関数は，指定した自由度の t 分布において，指定した確率となるときの t 値の境界値を求めるもので，TINV(確率, 自由度) で得られます．いまの場合は，TINV(0.05,9) と同じです（図 4.11）．

手順 9　信頼区間を求めます．適当なセル（例えば B17 セル）に，"=-B16*B15+B12" と，もう一つ適当なセル（例えば B18 セル）に，"=B16*B15+B12" と入力しましょう．すると，信頼区間が求められます（図 4.12）．

	A	B	C
1	サンプル番号	塩分濃度	平均値との差の二乗
2	1	6.96	0.00292
3	2	6.92	0.00884
4	3	7.21	0.03842
5	4	6.87	0.02074
6	5	6.95	0.00410
7	6	6.86	0.02372
8	7	6.94	0.00548
9	8	6.98	0.00116
10	9	7.27	0.06554
11	10	7.18	0.02756
12	平均	7.0140	
13	差の二乗和	0.1984	
14	不偏分散	0.022049	
15	標準誤差	0.046956	
16	t値の境界値	2.262157	
17	信頼区間1	6.907778	
18	信頼区間2	7.120222	

=-B16*B15+B12
=B16*B15+B12

図 4.12　信頼区間の算出

■ 第 4 章のまとめ

- 推測統計では，標本平均が母集団の平均とどれだけ違うか，ということを考えなければならない．
- そのために，標本を手がかりにして，「母平均はどの程度の範囲に存在するか」ということを推定する，区間推定を行う．
- 我々が扱う標本は母集団から無作為抽出された標本である．そのため，実際には，母分散は未知であるため，標本分散を手がかりにして母分散を推定した，不偏分散というものを用いる．
- 母分散が未知である，正規分布する母集団から N 個の標本が抽出されてできた標本分布は正規分布であり，母平均は，有意水準 5%のとき，$-1.96 \times \frac{\sqrt{(\text{不偏分散})}}{\sqrt{(\text{データの個数 }(N))}} + (\text{標本平均})$ から $1.96 \times \frac{\sqrt{(\text{不偏分散})}}{\sqrt{(\text{データの個数 }(N))}} + (\text{標本平均})$ の領域に存在する．
- ただし，これは，標本数が多いときに使えるものであり，標本数が少ないときは，標準化された標本平均は，標準正規分布に従わなくなるという問題がある．
- そこで，標本数が少ないときは，自由度から形状が決まる t 分布を考える必要がある．
- 標本数が少ないときは，母分散が未知である，正規分布する母集団から N 個の標本が抽出されてできた標本分布は t 分布に従い，母平均は，$-(t\text{ 値の境界値}) \times \frac{\sqrt{(\text{不偏分散})}}{\sqrt{(\text{データの個数 }(N))}} + (\text{標本平均})$ から $(t\text{ 値の境界値}) \times \frac{\sqrt{(\text{不偏分散})}}{\sqrt{(\text{データの個数 }(N))}} + (\text{標本平均})$ の領域に存在する．

■ 第 4 章の練習問題 〉〉

問 1 1 学年 1000 人の高校において，100 点満点の英語のテストを行った．この 1000 人の点数の標準偏差は 10 点であった．この学年の中からランダムに 10 人抽出し，この 10 人の点数を調べてみたところ，次のようになった．

70，85，60，45，90，63，94，48，57，79

このとき，1000 人の平均点が存在する範囲はどのようになるか．信頼区間は 95%とする．

問 2 ある寿司チェーン店で作っている握り寿司を 10 個サンプリングし，1 個あたりの重さを計測した．その結果，1 個あたりの平均の重さは 13〔g〕で，標準偏差は 2〔g〕であった．

信頼区間を 95%とし，握り寿司 1 個あたりの重さの平均を区間推定せよ．

問 3 問 2 において，10 個では少ないので，思い切って 200 個サンプリングした．その結果，1 個あたりの平均の重さは 13〔g〕だったが，標準偏差は 1.5〔g〕であった．

信頼区間を 95%とし，握り寿司 1 個あたりの重さの平均を区間推定せよ．

問 4 工場から出荷される木材の長さについて調べたい．いま，出荷された木材から 10 本取ってきた．取ってきた 10 本の平均は 405〔cm〕，標準偏差は 1.0〔cm〕であった．信頼区間を 95%とし，工場から出荷される木材の長さの平均はどの位だろうか？

問 5 ある店で，一定額購入した客に対して，金券キャッシュバックキャンペーンを催している．金券は 100 円券，500 円券，1000 円券の 3 種類あり，金券の種類は，くじ引きで決める．この店の店主は，客がキャッシュバックされる金額は 500 円であると言っている．さて，60 人の客のくじ引きを観察した所，100 円券が 21 枚，500 円券が 29 枚，1000 円券が 10 枚出たことを確認した．店主が言っているように，金券でキャッシュバックされる金額は 500 円であると言えるだろうか？

第 5 章

新薬は高血圧に有効か？ ～統計的仮説検定とt検定～

ある牛丼店では，牛丼の並盛は **350**〔g〕であるとしています．**E** さんは，お昼休みに，同僚に依頼されて，この店の牛丼の並盛を，自分の分を含めて **10**〔個〕テイクアウトしました．**E** さんは，最近，この牛丼店の牛丼の量が，以前とちょっと変わったように感じています．そこで，テイクアウトした **10**〔個〕の牛丼の重さを調べてみたら，次の表のようになりました．この牛丼店の牛丼の並盛は **350**〔g〕であると判断して良いのでしょうか？

347.5	347.9	348.8	350.5	348.9
350.2	348.1	348.0	350.9	349.8

5.1 ひねくれた論理：帰無仮説と対立仮説

ストレートに考えると，「牛丼の量は 350〔g〕でない」ということを，直接示したくなります．しかし，確率論的な観点から，このことを直接示すことは非常に難しいのです．そのため，かなりひねくれた論理でもって示します．どのように示すかというと，

> **例**
>
> 「牛丼の量は **350**〔**g**〕である」ことを否定することで，「牛丼の量は **350**〔**g**〕でない」ことを証明する

という示し方をします．つまり，**牛丼の量は 350〔g〕でないための証拠を見つけるのではなく，牛丼の量は 350〔g〕であることを否定する証拠を見つけるという**やり方です．牛丼の量は 350〔g〕であることを否定する証拠を見つけることで，「牛丼の量は 350〔g〕であることが否定された．だから牛丼の量は 350〔g〕でない」ということを示すのです．

言い換えると，牛丼の量は 350〔g〕であることを否定する証拠を見つけることができなければ，牛丼の量は 350〔g〕であることが否定できず，結局，「牛丼の量は 350〔g〕である」ことが言えるのです．

「牛丼の量は 350〔g〕である」という仮説と「牛丼の量は 350〔g〕でない」という 2 つの仮説を設けることから，この論理を「**仮説検定**」といい，これらの仮説に対して統計的に検証するため，このような論理に基づいた仮説検証のやり方を，**統計的仮説検定**といいます．そして，仮説の中で，否定したい（示したくないなぁと思っている）仮説，ここでは「牛丼の量は 350〔g〕である」という仮説を，「**帰無仮説**」（H_0 と書きます）と言います．一方で，実際は示したい（示せるといいなぁと思っている）仮説，ここでは「牛丼の量は 350〔g〕でない」という仮説を，「**対立仮説**」（H_1 と書きます）と言います．

ここで，帰無仮説の立て方について注意です．「**牛丼の量は 350**〔**g**〕**でない**」**ことを帰無仮説に設定してはいけません．仮説検定では，主張したい仮説ではない方の仮説（示したくないなぁと思っている仮説）を帰無仮説にします．**この場

合，牛丼の量は 350〔g〕でないことを主張したいので，「牛丼の量は 350〔g〕である」ことを帰無仮説に設定しなければならないのです．仮説検定では，帰無仮説を棄却することで，主張したいことが正しいことを証明します．そのため，主張したいことは，対立仮説に設定することになります．ここは非常に重要なので，よく覚えておいて下さい．

5.2 片側検定と両側検定の使い分け

ここで，この問題の，対立仮説 H_1 について考えましょう．帰無仮説 H_0 を「牛丼の量は 350〔g〕である」とした場合，対立仮説 H_1 は 3 通り考えられます．

(1)　牛丼の量は 350〔g〕でない．
(2)　牛丼の量は 350〔g〕より多い．
(3)　牛丼の量は 350〔g〕より少ない．

これらの対立仮説によって検定は全く異なります．

(1) については，牛丼の量は 350〔g〕であるかどうかを調べるだけであり，牛丼の量は 350〔g〕より多くても少なくても問題ありません．(2) については，牛丼の量は 350〔g〕より多いかどうかを調べます．350〔g〕より少ないかどうかということは考慮しません．(3) については，牛丼の量は 350〔g〕より少ないかどうかを調べます．350〔g〕より多いかどうかということは考慮しません．

(1) のような検定方法を両側検定といい，(2) や (3) のような検定方法を片側検定といいます．つまり，単に差があるかどうか（大小関係は考慮しないことを検定したい場合は両側検定であり，大小関係があることを検定したい場合は片側検定となります）．

この問題の場合は，牛丼の量は 350〔g〕であるかどうかが問題であり，350〔g〕より大きい・小さいということは問題ではないので，両側検定となります．

両側検定と片側検定では，同じ有意水準 5%でも，その意味合いが異なります．どのように意味合いが異なるか，ということについては，5.4 節で説明します．

5.3 両側検定で牛丼の量を評価しよう

これまで学んだことを踏まえて，統計的仮説検定の一般的なやり方を理解しましょう．次のような流れで進めます．

手順 1 帰無仮説と対立仮説を立てます．
5.1 節で説明した通り，
帰無仮説 H_0: 牛丼の量は 350〔g〕である．
対立仮説 H_1: 牛丼の量は 350〔g〕でない．
となります．

手順 2 有意水準を設定します．
ここでは有意水準 $\alpha = 0.05$（$= 5\%$）に設定します．

手順 3 t 値を求めます．
この場合（というより一般的には）母分散がわからないので，t 値を用います．t 値 は，4.3 節の (4.9) 式で説明したように，

$$t = \frac{(\text{標本平均}) - (\text{母平均})}{\sqrt{\frac{(\text{不偏分散})}{(\text{データの個数 } (N))}}}$$

で定義されます．この問題の場合，標本平均は 349.06〔g〕，母平均は

350〔g〕, 不偏分散は 1.469〔g^2〕, データの個数は 10 なので,

$$t = \frac{(\text{標本平均}) - (\text{母平均})}{\sqrt{\frac{(\text{不偏分散})}{(\text{データの個数}\ (N))}}} = \frac{349.06 - 350}{\sqrt{\frac{1.469}{10}}} \fallingdotseq -2.452$$

となります.

〉手順〉 **4** t 値の境界値を求めます.

この検定で使用する分布は, 自由度が $10 - 1 = 9$ の t 分布です. また, 有意水準 $\alpha = 0.05$ となるので, t 値の境界値は, 表 4.1 の t 分布表より, 2.26 となります[*1].

〉手順〉 **5** t 値の絶対値と t 値の境界値を比較します.

t 値の境界値に比べて, t 値の絶対値の方が大きければ, 帰無仮説 H_0 を棄却して, 対立仮説を採択します.

一方で, t 値の境界値に比べて, t 値の絶対値の方が小さければ, 帰無仮説 H_0 は棄却できません.

〉手順〉 3, 〉手順〉 4 の結果より,

$$(t\ \text{値の境界値})\ 2.26 < (t\ \text{値の絶対値})\ 2.452$$

となり, t 値の方が小さくなります. したがって,「帰無仮説 H_0: 牛丼の量は 350〔g〕である」は棄却され,「対立仮説 H_1: 牛丼の量は 350〔g〕でない」が採択されることとになります.

ここまで検討して, 結局,「この牛丼店の牛丼の並盛は 350〔g〕とは判断できない」ということを, 統計的に示したことになります.

ここで, t 値の絶対値と, t 値の境界値を比較する意味について考えましょう. なぜ, 有意水準 5%としたとき, 有意水準 $\alpha = 0.05$ のときの t 値の境界値を求め, その値と, t 値の絶対値を比較して, 帰無仮説を棄却するか, そうでないかを考えるのでしょうか.

基本的には, 第 3 章, 第 4 章で学んだ考え方に沿っていると思って差し支えありません. 4.4 節で, t 値の境界値とは,「t 分布で全体の面積の 95%となる閾(しきい)値」のことであったことを思い出して下さい.

[*1] Excel で, 任意のセルに, "=TINV(0.05, 10-1)" と入力しても得られます.

いま，第3章の練習問題の問4(2) を振り返ってみましょう．「身長180〔cm〕の20歳日本人男性は上位何%に属するか」という問題でした（まだ解いていない方は，一度解いてみて下さい）．この問題では，身長180〔cm〕というデータを標準化して，$Z = 1.58$ という点に変換し，標準正規分布表より，$1.58 \leqq Z$ の面積は全体の何%であるかを求めました．その結果，全体の5.7%であるという結果が得られました．言い換えると，「身長180〔cm〕以上の20歳日本人男性が存在する割合は5.7%である」ということです．但し，これは，20歳日本人男性の身長は，平均170.4〔cm〕，標準偏差6〔cm〕の正規分布に従っているということを前提としたものです．

一方で，標準正規分布では，$-1.96 \leqq Z \leqq 1.96$ の範囲は，全体の面積の95%であるということは，第3章で説明しました．とすると，言い換えれば，$Z \leqq -1.96$ と $1.96 \leqq Z$ の面積を足すと，全体の面積の5%になる，ということになります．そして，（標準）正規分布は，左右対称の形状であることを思い出すと，分布に対して左側，つまり，$Z \leqq -1.96$，および，分布に対して右側，つまり，$1.96 \leqq Z$ の面積は，それぞれ，5%の半分，つまり，全体の面積の2.5%になります（図5.1）．

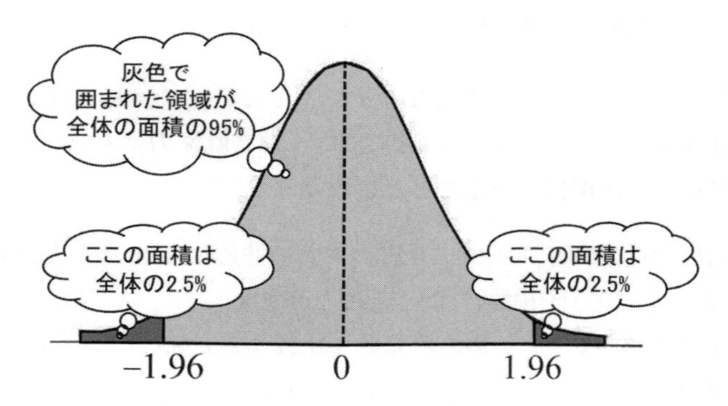

図 **5.1**　$Z \leqq -1.96$ と $1.96 \leqq Z$ の面積は全体の **2.5%**

ここで，図5.2の上の図を見てみましょう．

95%という境界値である $Z = 1.96$ に比べて，身長180〔cm〕を意味する $Z = 1.58$ の方が左側（$Z = 0$ に近い方），図5.2上の図では (a) に位置しています．これまでの話から，標準化した値が，境界値より $Z = 0$ に対して近い位置にあれば，標

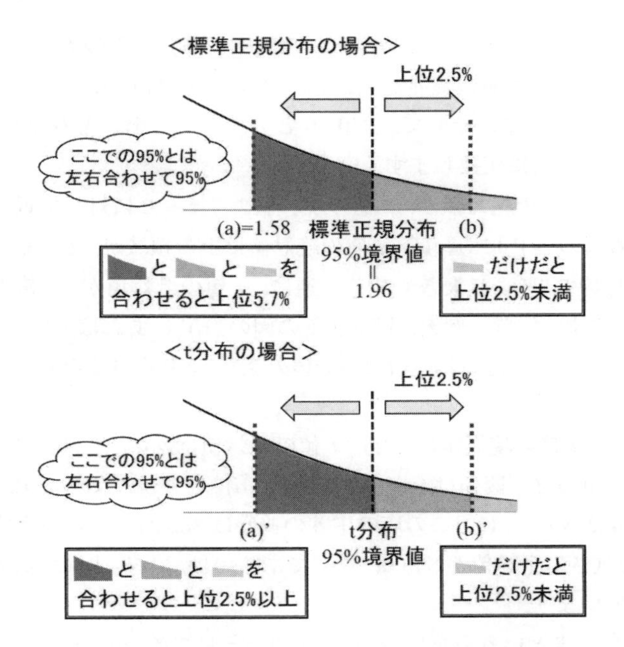

図 **5.2**　有意水準をどうして **2** 倍にするのか？

準化した値以上の領域が曲線全体に占める面積は，全体の面積の 2.5%より大きくなります，

逆に，標準化した値が，境界値より $Z=0$ に対して遠い位置，例えば図 5.2 上の図の (b) にあれば，標準化した値以上の領域が曲線全体に占める面積は，全体の面積の 2.5%より小さくなる，ということが理解できると思います．

この考え方は，t 値の絶対値と，t 値の境界値の場合でも同じです．標準正規分布が t 分布に変わっただけです．t 値の絶対値が，t 値の境界値（t 分布において，全体の面積の 95%となる境界）より $t=0$ に近い位置にあれば，t 値の境界値以上の領域が，t 分布全体に占める面積は，全体の 2.5%より大きくなり，逆に，t 値の絶対値が，t 値の境界値より $t=0$ から遠い位置にあれば，t 値の絶対値以上の領域が，t 分布全体に占める面積は，全体の面積の 2.5%より小さくなります．

さて，先の 手順 1 から 手順 5 について，もう一度考えましょう．t 分布の曲線は，どのようなことを仮定として作られたでしょうか．この曲線は，母平均が

350〔g〕であることを前提として作られた曲線であり，この t 分布は，図 5.2 の下の図のように，$-$(t 値の境界値) $\leqq t \leqq$ (t 値の境界値) となる範囲が，全体の面積の 95%になります．そして，349.06 というデータを，先の標準化と同様に，$t = -2.452$ と，t 値に変換します．

先と同様に，t 値の絶対値が，t 値の境界値より $t = 0$ に対して近い位置，例えば図 5.2 下の図の (a)' にあれば，t 値の絶対値以上の領域が，t 分布全体に占める面積は，全体の 2.5%より大きくなり，逆に，t 値の絶対値が，t 値の境界値より $t = 0$ に対して遠い位置，例えば図 5.2 下の図の (b)' にあれば，t 値の絶対値以上の領域が t 分布全体に占める面積は，全体の 2.5%より小さくなる，ということになります．

例題の場合，t 値の境界値は 2.26，t 値の絶対値は 2.452 です．このとき，t 値の境界値と t 値の位置関係は，図 5.2 下の図 (b)' のようになります．第 3 章の演習問題の問 4(2) のように，この店の牛丼の並盛は 350〔g〕であると定義した前提で，「牛丼の重さの平均値が 349.06〔g〕であるのは，2.5%未満である」ということを意味しています．

さて，2.5%未満という言葉について，「割合として多いのか，少ないのか」，どう解釈すれば良いでしょうか．ここで有意水準が意味をなします．

有意水準 5%というのは，**t 値より外側にある領域と t 分布で囲まれる面積が 5%以下であれば，t 値が得られる割合は少ないとしてしまおう**，という基準です．ここでは両側検定で考えています．「t 値より外側にある領域」は，$t > 0$ と $t < 0$ の両方の範囲にあるので，$t > 0$ の範囲や，$t < 0$ の範囲だけで考えれば，5%の半分の，2.5%以下，ということになります．したがって，先の，t 値の絶対値，$t = 2.452$ について考えると，t 値の境界値より右側にあるので，図 5.3 のように，t 値より右側にある領域の面積は 2.5%以下であるということになります．

したがって，「この店の牛丼の並盛が 350〔g〕であるという前提では，テイクアウトした牛丼の平均が 349.06〔g〕というデータが得られる確率は 2.5%以下である．これは得られる割合は低いとみなせる．このように，得られる割合が低いという結果が得られたのは，牛丼の並盛の量が 350〔g〕としたことが誤りであるため，この前提は成立しない，したがって，前提が間違えている」という意味になります．

よって，帰無仮説は棄却され，「牛丼の量は 350〔g〕である」とは言えず，「牛

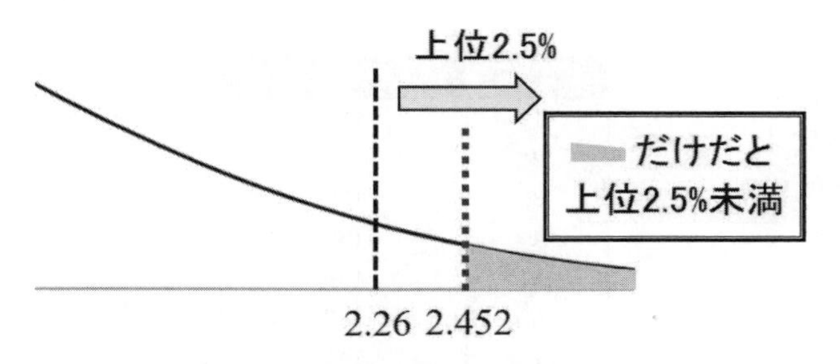

図 **5.3**　面積が **2.5%**以下である状況

丼の量は 350〔g〕でない」ということを前提にすることになります．

この考え方は後で学ぶ片側検定でも，基本的には同じです．片側検定でも，t 値の境界値と，t 値の絶対値を比較します．t 値の絶対値と，t 値の境界値との位置関係を見ることで，帰無仮説を棄却できるか，できないか，判断できることになります．ただし，両側検定と片側検定では，有意水準の考え方の違いがあるので，先に述べた 2.5%というところが変わってきます．

5.4 》》 片側検定で患者が高血圧であることを示そう

例題

ある病院では，血圧が高めの患者に対して，新たに開発された降圧剤を投与して，その効果を検証したいと考えています．病院に通院している，投与を希望している患者のうち，任意に抽出した **10** 名の最高血圧は次の表の通りです．一般的に，「最高血圧が **140**〔**mmHg**〕以上」か，「最低血圧が **90**〔**mmHg**〕以上」の場合が高血圧であると言われています．投与を希望している患者は，高血圧の患者であるとして良いのでしょうか．

患者 No.	最高血圧 [mmHg]
1	150
2	146
3	152
4	139
5	149
6	137
7	141
8	152
9	141
10	138

ここで示したいのは，「患者の最高血圧の平均が 140〔mmHg〕より高い」ということです．ですので，対立仮説と帰無仮説をもう一度考えて，統計的仮説検定を行う必要があります．

この場合の帰無仮説 H_0 と対立仮説 H_1 は次のようになります．

帰無仮説 H_0: 患者の最高血圧の平均が 140〔mmHg〕である．

対立仮説 H_1: 患者の最高血圧の平均が 140〔mmHg〕より高い．

5.3 節では両側検定でしたが，この場合は片側検定になります．この場合の手順は，ほぼ 5.3 節の場合と同じですが，〉手順〉4 だけが異なります．具体的には次のようになります．

〉手順〉**1** 帰無仮説と対立仮説を立てます．

5.1 節で説明した通り，

帰無仮説 H_0: 患者の最高血圧の平均が 140〔mmHg〕である．

対立仮説 H_1: 患者の最高血圧の平均が 140〔mmHg〕より高い．

となります．

〉手順〉**2** 有意水準を設定します．

ここでは有意水準 $\alpha = 0.05$ に設定します．

〉手順〉**3** t 値を求めます．

この場合（というより一般的には）母分散がわからないので，t 値を用います．t 値は，

$$t = \frac{(\text{標本平均}) - (\text{母平均})}{\sqrt{\frac{(\text{不偏分散})}{(\text{データの個数 }(N))}}}$$

です．この問題の場合，標本平均は 144.50〔mmHg〕，母平均は 140.00〔mmHg〕，不偏分散は 35.389 ≒ 35.39〔mmHg^2〕，データの個数は 10 なので，

$$t = \frac{(\text{標本平均}) - (\text{母平均})}{\sqrt{\frac{(\text{不偏分散})}{(\text{データの個数 }(N))}}} = \frac{144.50 - 140.00}{\sqrt{\frac{35.39}{10}}} \fallingdotseq 2.392$$

となります．

〉手順〉**4** t 値の境界値を求めます．

この検定で使用する分布は，自由度が $10 - 1 = 9$ の t 分布です．また，有意水準 $\alpha = 0.05$ となるので，t 値の境界値は，t 分布表より，1.83 となります．

ここで，片側検定において，表 4.1 の t 分布表を参照する場合は，有意水準を 2 倍にする，つまり，$\alpha = 0.10$ で考えなくてはなりません．表 4.1 は両側確率に対する（言いかえると，両側検定を基準とした）t 分布表

だからです*2.

〉手順〉**5** t 値の絶対値と t 値の境界値を比較します.

t 値の境界値に比べて，t 値の絶対値の方が大きければ，帰無仮説 H_0 を棄却して，対立仮説を採択します.

一方で，t 値の境界値に比べて，t 値の絶対値の方が小さければ，帰無仮説 H_0 は棄却できません.

〉手順〉3，〉手順〉4 の結果より，

$$(t\ \text{値の境界値})\ 1.83 < (t\ \text{値の絶対値})\ 2.39$$

となり，t 値の絶対値の方が大きくなります．したがって，「帰無仮説 H_0: 患者の最高血圧の平均が 140〔mmHg〕である」は棄却され，「対立仮説 H_1: 患者の最高血圧の平均が 140〔mmHg〕より高い.」が採択されることになります.

5.5 》両側検定と片側検定で有意水準の考え方が違う理由

さて，両側検定を基準とした t 分布表を用いる場合，片側検定で考える場合は，有意水準を 2 倍にして考えるのはどうしてでしょうか．図 5.4 を参考にしてみましょう.

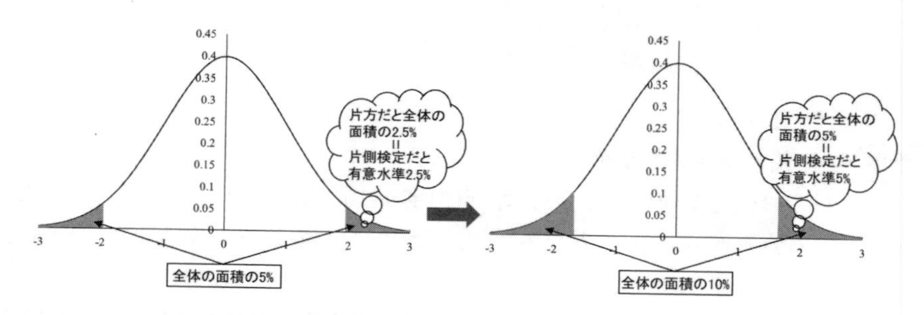

図 **5.4**　有意水準をどうして **2** 倍にするのか？

*2 t 分布表を参照する場合は，t 分布表が，片側確率に対する（片側検定を基準とした）ものか，両側確率に対するものかを見た上で考える必要があります．なお，TINV 関数を用いる場合は，Excel で，任意のセルに，"=TINV(0.05*2, 10-1)" と入力すれば得られます.

両側検定で有意水準5%という場合は，図5.4左のように，灰色部の面積を合わせたときの面積が全体の5%となる，ということです．

片側検定は，t 分布の左右の灰色部どちらかだけを考えます．正確に言うと，標本平均が母平均より大きい値であることを検定したい場合は右側の灰色部を，小さい値であることを検定したい場合は左側の灰色部を考えます．t 分布は左右対称の曲線なので，片方の灰色部だけで考えれば，全体の面積は，$5\%/2 = 2.5\%$ となり，全体の面積の2.5%になってしまいます．とすると，両側検定を基準とした t 分布表を用いて片側検定を行う場合，有意水準を5%で考えたままでは，片側検定ではその半分の2.5%になってしまいます．

逆に考えると，片側検定で，有意水準5%で考えるならば，両側検定を基準とした t 分布表を用いる場合，$5\% \times 2 = 10\%$ の有意水準で考えなければなりません．このように，両側検定を基準とした t 分布表を用いる場合，片側検定で考える場合は，有意水準を2倍にして考えなければならないわけです．その逆で，片側検定を基準とした t 分布表を用いる場合，両側検定で考える場合は，有意水準を1/2倍にする必要があります．これまでに説明した，ExcelのTINV関数は，両側検定を基準としたものですので，片側検定を行う場合は，有意水準を2倍にする必要があります．

以上より，統計的仮説検定の手順をまとめ直すと，次のようになります．

統計的仮説検定の手順

手順1 検定が，「両側検定」か，「片側検定」か，見極めます．

手順2 帰無仮説 H_0 と対立仮説 H_1 を立てます．

手順3 有意水準 α を設定します（通常は $\alpha = 0.05$ が多い）．

手順4 t 値を求めます．

手順5 t 分布表もしくは **Excel** の **TINV** 関数を用いて t 値の境界値を求めます．

TINV 関数を用いる場合，片側検定のときは有意水準を **2** 倍にします．

手順6 **手順4**，**手順5** の結果を基に，t 値の絶対値と，t 値の境界値を比較します．

(t 値の境界値) $<$ (t 値の絶対値) であれば帰無仮説 H_0 を棄却します．逆に，(t 値の境界値) $>$ (t 値の絶対値) であれば帰無仮説 H_0 は棄却できません．

5.6 》 片側検定と両側検定はここに注意！

片側検定と両側検定では，両側検定の方が厳しい条件です．いまの例でも，t 値の境界値が，片側検定では 1.83 でしたが，両側検定では 2.26 となっています．例えば，t 値の絶対値が，2.00 であったとすると，片側検定では，(t 値の境界値) 1.83 $<$ (t 値の絶対値) 2.00 なので，帰無仮説を棄却できます．しかし，両側検定では，(t 値の絶対値) 2.00 $<$ (t 値の境界値) 2.26 となり，帰無仮説を棄却できません．

両側検定にするか片側検定にするかは，実験の目的に合わせて検定を行う前に決めておかなくてはなりません．両側検定をやってみて，帰無仮説 H_0 が棄却されない，つまり，自分の思ったような結果にならないからと言って，元々の実験計画から変更して，片側検定をやる，というのは問題です．科学的な実験に対して恣意的な要素が入っていると判断されてしまう恐れがあるためです．

5.7 》 降圧剤の効果を見よう！～t 検定～

例題

先の問題で，投与を希望している患者は高血圧とみなして問題ないことがわかりました．そこで，この **10** 名の患者に，新たに開発された降圧剤を投与しました．**1** ヶ月経過した後，同じ **10** 名の患者の最高血圧を調べました．**10** 名の患者について，投与前と投与後の最高血圧の平均は次の表の通りになりました．降圧剤の効果はあったと言えるのでしょうか．

患者 No.	投与前の最高血圧	投与後の最高血圧
1	150	129
2	146	135
3	152	149
4	139	125
5	149	141
6	137	135
7	141	137
8	152	140
9	141	126
10	138	134

今度は，降圧剤の効果を見る，ということで，降圧剤投与前の最高血圧の平均と，投与後の最高血圧の平均について比較する，ということになります．そして，「降圧剤投与前の最高血圧に比べて，投与後の最高血圧の方が低い」ということが示せれば良い，ということになります．すると，帰無仮説と対立仮説は，次のようになると考えられます．

帰無仮説 H_0: 降圧剤投与前と投与後の最高血圧の平均に差がない．

対立仮説 H_1: 降圧剤投与前に比べて，投与後の最高血圧の平均の方が低い．

ここで，「差がない」という言い方について考えてみましょう．「差がない」というのは「差が **0** である」ということに他なりません．したがって，先の帰無仮説と対立仮説を言い換えると，次のようになります．

帰無仮説 H_0: 降圧剤投与前と投与後の最高血圧の平均の差は 0 である．

対立仮説 H_1: 降圧剤投与前に比べて，投与後の最高血圧の平均の方が低い．

このように言い換えると，これまでに学んだ，統計的仮説検定とよく似ている，ということに気づくのではないでしょうか．

ここまでの話から，降圧剤投与前と，降圧剤投与後の，最高血圧の平均の差を問題としています．そこで，まず，10 名の患者それぞれの，降圧剤投与前の最高血圧と投与後の最高血圧の差と，これらの平均値を求めます．

そして，この問題をもう少し考えてみます．この問題は，次のように考えられない（言い換えられない）でしょうか．

患者 No.	投与前の最高血圧	投与後の最高血圧	差
1	150	129	21
2	146	135	11
3	152	149	3
4	139	125	14
5	149	141	8
6	137	135	2
7	141	137	4
8	152	140	12
9	141	126	15
10	138	134	4
平均	144.5	135.1	9.4

例題

ある病院の高血圧の患者に対して，降圧剤を投与しました．任意に抽出した **10** 名の患者に対して，降圧剤投与前と投与後 **1** ヶ月目の，最高血圧の差は次の表のようになりました．降圧剤投与前に比べて降圧剤投与後の方が最高血圧の平均が低くなった，つまり，降圧剤投与前と投与後の最高血圧の差の平均が **0** 以上であると判定して良いのでしょうか．

社員 No.	最高血圧の差
1	21
2	11
3	3
4	14
5	8
6	2
7	4
8	12
9	15
10	4
平均	9.4

投与前の最高血圧の平均と，投与後の最高血圧の平均の差があることが明らか

である，ということを調べるように，2 つの群の平均の差が，統計的に明らかであるかを調べる検定を，**t 検定**と呼びます．t 検定のやり方はこれまでに学んだ統計的仮説検定と，基本的に同じです．「標本の差」を母集団と考えるという違いがあるだけです．t 検定の一般的なやり方は，5.5 節の最後に示した内容に沿うと，次のようになります．

〉手順〉**1** それぞれのデータの差を求め，これを標本として考えます．

〉手順〉**2** 検定が，「両側検定」か，「片側検定」か，見極めます．

ここでは，差の大小について考えるので，「片側検定」となります．

〉手順〉**3** 帰無仮説と対立仮説を立てます．

ここでは，

帰無仮説 H_0: 降圧剤投与前と投与後の最高血圧の平均に差がない（$= 0$ である）．

対立仮説 H_1: 降圧剤投与前に比べて，投与後の最高血圧の平均の方が低い．

となります．

〉手順〉**4** 有意水準を設定します．

ここでは有意水準 $\alpha = 0.05$ に設定します．

〉手順〉**5** t 値を求めます．

この場合（というより一般的には）母分散がわからないので，不偏分散を用いる t 値を用います．基本的に 5.2 節と同様ですが，「差」を標本と考え，母平均を 0 と考えます．t 値は，

$$t = \frac{(\text{標本平均}) - (\text{母平均})}{\sqrt{\frac{(\text{不偏分散})}{(\text{データの個数 }(N))}}}$$

で表されます．この問題の場合，標本平均は 9.40〔mmHg〕，母平均は 0〔mmHg〕，不偏分散は 39.16〔mmHg^2〕，データの個数は 10 なので，

$$t = \frac{(\text{標本平均}) - (\text{母平均})}{\sqrt{\frac{(\text{不偏分散})}{(\text{データの個数 }(N))}}} = \frac{9.40 - 0}{\sqrt{\frac{39.16}{10}}} \fallingdotseq 4.750 \fallingdotseq 4.75$$

〉手順〉**6** t 値の境界値を求めます．

この検定で使用する分布は，自由度が $10-1=9$ の t 分布です．また，有意水準 $\alpha=0.05$ となりますが，**片側検定なので，有意水準を 2 倍に**します．つまり，$\alpha=0.10$ で考えます．t 値の境界値は，t 分布表より，1.83 となります[*3]．

〉手順〉**7** t 値の絶対値と t 値の境界値を比較します．

t 値の境界値に比べて，t 値の絶対値の方が大きければ，帰無仮説 H_0 を棄却して，対立仮説を採択します．

一方で，t 値の境界値に比べて，t 値の絶対値の方が小さければ，帰無仮説 H_0 は棄却できません．

〉手順〉5，〉手順〉6 の結果より，

$$(t\ 値の境界値)\ 1.83 < (t\ 値の絶対値)\ 4.75$$

となり，t 値の方が大きくなります．したがって，「帰無仮説 H_0: 降圧剤投与前と投与後の最高血圧の平均に差がない（$=0$ である）」は棄却され，「対立仮説 H_1: 降圧剤投与前に比べて，投与後の最高血圧の平均の方が低い」が採択されることになります．

ここまで検討して，はじめて，「降圧剤投与前に比べて，投与後の最高血圧の平均の方が低い」ということを，統計的に示したことになります．

5.8 〉〉 t 検定はここに注意！

t 検定は使う頻度が非常に多いと思いますが，注意しなければならない点がいくつかあります．

最も重要な注意点として，**t 検定は一対の比較でしか使えないという点**が挙げられます．例えば標本 A，標本 B，標本 C の平均値を比較するときに，標本 A-標本 B，標本 B-標本 C，標本 A-標本 C の組それぞれについて t 検定を行ってしまう場合があります．結論から言うと，このような場合は ANOVA（分散分析）などを使うこととなり，t 検定は使えません．

[*3] Excel で，任意のセルに，"=TINV(0.05*2, 10-1)" と入力しても得られます．

仮に有意水準 5%で t 検定を行ったとしましょう．この場合，標本 A-標本 B の検定で許容される誤差は 5%です．次に，標本 B-標本 C の検定を行った場合，これも許容される誤差は 5%です．最後に，標本 A-標本 C の検定を行うわけですが，この場合も，許容される誤差は 5%となります．以上より，結果的に，3 つの標本全てについて t 検定を行うと，高々 15%もの誤差を許容してしまうこととなってしまいます．したがって，2 標本より大きい標本に対しては，t 検定を使うことができないのです．

次に注意すべき点は，t 検定は，あくまで母集団が正規分布している（もしくは，母集団が正規分布に近い）ことが前提の検定手法です．t 分布が，正規分布する母集団から得た標本の平均に関する分布だからです．仮に正規分布に近似できない母集団であっても，逆数や対数を取ることによって正規分布できる場合は変換後に t 検定をすることも可能です．

そして，しばしば見られる例なのですが，一度決めた有意水準を変えてはならない，ということです．例えば，有意水準 1%で行うべき検定で，帰無仮説を棄却することができないので，5%に変更した，そうすれば帰無仮説を棄却することができた $\cdots$ という例です．このように有意水準を状況によって変えることは，結果の恣意的な解釈を許すことになります．ですので，有意水準 5%で解析を行う，ということを通すのであれば，有意水準 5%のままで検定を行うべきである，ということです．

5.9 Excel の関数を使って t 検定を行う

それでは，これまでの内容を踏まえて，5.7 節の例題について，Excel を使って t 検定を行ってみましょう．Excel を使う場合は，Excel の関数を使うか，「分析ツール」を使うことで t 検定ができます．まずは，Excel の関数を使って t 検定を行ってみましょう．

手順 1 例にならって，「患者 No.」「投与前最高血圧」「投与後最高血圧」のデータを入力します．「患者 No.」は A 列，「投与前最高血圧」は B 列，「投与後最高血圧」は C 列の，それぞれ 2～11 行に入力されているとします（図 5.5）．

	A	B	C
1	患者No.	投与前最高血圧	投与後最高血圧
2	1	150	129
3	2	146	135
4	3	152	149
5	4	139	125
6	5	149	141
7	6	137	135
8	7	141	137
9	8	152	140
10	9	141	126
11	10	138	134

図 5.5　「患者 No.」「投与前最高血圧」「投与後最高血圧」のデータ入力

手順 2　全ての患者について，投与前の最高血圧と投与後の最高血圧の差を求めます．適当なセル（例えばD2 セル）に，"=B2-C2" と入力しましょう．すると，患者 No.1 の患者について，投与前の最高血圧と投与後の最高血圧の差が得られ，その値は，21 となります（図 5.6）．

手順 3　手順 2 で得られた値は，1 人目の患者の投与後の最高血圧と投与前の最高血圧の差ですので，ここで用いた計算式を他の患者にも適用します．D2 セル右下にマウスのポインタを合わせ，ポインタが＋に変わったところで，D11 セルまでドラッグします（図 5.6）．

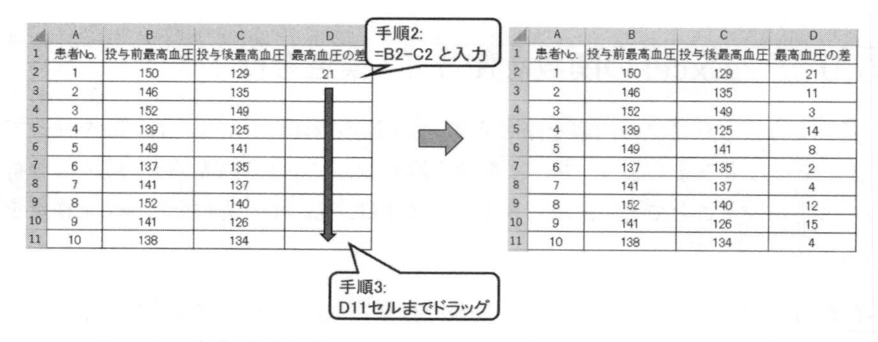

	A	B	C	D
1	患者No.	投与前最高血圧	投与後最高血圧	最高血圧の差
2	1	150	129	21
3	2	146	135	11
4	3	152	149	3
5	4	139	125	14
6	5	149	141	8
7	6	137	135	2
8	7	141	137	4
9	8	152	140	12
10	9	141	126	15
11	10	138	134	4

図 5.6　各患者の投与前の最高血圧と投与後の最高血圧の差の計算

手順 4　各患者の「投与前の最高血圧と投与後の最高血圧の差」の平均を求めま

す．適当なセル（例えば D12 セル）に，"=AVERAGE(D2:D11)" と入力しましょう．すると，各患者の「投与前の最高血圧と投与後の最高血圧の差」の平均が得られ，その値は，9.4 となります（図 5.7）．

	A	B	C	D
1	患者No.	投与前最高血圧	投与後最高血圧	最高血圧の差
2	1	150	129	21
3	2	146	135	11
4	3	152	149	3
5	4	139	125	14
6	5	149	141	8
7	6	137	135	2
8	7	141	137	4
9	8	152	140	12
10	9	141	126	15
11	10	138	134	4
12	平均			9.4

=AVERAGE(D2:D11)

図 5.7 各患者の「投与前の最高血圧と投与後の最高血圧の差」の平均の計算

〉手順〉**5** 不偏分散を求めます．不偏分散は，4.6 節の〉手順〉5 と〉手順〉6 と同様に求めても良いのですが，ここでは違う方法で求めてみましょう．任意のセル（例えば D13 セル）に，"=VAR(D2:D11)" と入力しましょう．

	A	B	C	D
1	患者No.	投与前最高血圧	投与後最高血圧	最高血圧の差
2	1	150	129	21
3	2	146	135	11
4	3	152	149	3
5	4	139	125	14
6	5	149	141	8
7	6	137	135	2
8	7	141	137	4
9	8	152	140	12
10	9	141	126	15
11	10	138	134	4
12	平均			9.4
13	不偏分散			39.15555556

=VAR(D2:D11)

図 5.8 不偏分散の計算

すると，不偏分散が得られ，その値は，39.156 程度となります（図 5.8）．なお，VAR 関数は不偏分散を求める関数ですので，覚えておきましょう．

〉手順〉**6**　t 値を求めます．適当なセル（例えば D14 セル）に，"=(D12-0)/SQRT(D13/COUNT(D2:D11))" と入力しましょう．すると，t 値が得られ，その値は，4.750 程度となります（図 5.9）．

	A	B	C	D
1	患者No.	投与前最高血圧	投与後最高血圧	最高血圧の差
2	1	150	129	21
3	2	146	135	11
4	3	152	149	3
5	4	139	125	14
6	5	149	141	8
7	6	137	135	2
8	7	141	137	4
9	8	152	140	12
10	9	141	126	15
11	10	138	134	4
12	平均			9.4
13	不偏分散			39.15555556
14	t値			4.7504107

=(D12−0)/SQRT(D13/COUNT(D2:D11))

図 **5.9**　t 値の計算

〉手順〉**7**　t 値の境界値を求めます．自由度 $10 - 1 = 9$ の t 分布です．適当なセル（例えば D15 セル）に，"=TINV(0.05*2,COUNT(D2:D11)-1)" と入力しましょう．すると，自由度 9 の t 分布における t 値の境界値が得られ，その値は，1.833 程度となります（図 5.10）．

〉手順〉**8**　〉手順〉6 と〉手順〉7 で得られた，t 値の絶対値と t 値の境界値を比較します．

$$(t\ 値の境界値)1.83 < (t\ 値の絶対値)4.75$$

となり，t 値の絶対値の方が大きくなります．

したがって，「帰無仮説 H_0: 降圧剤投与前と投与後の最高血圧の平均に差がない（$= 0$ である）」は棄却され，「対立仮説 H_1: 降圧剤投与前に比べて，投与後の最高血圧の平均の方が低い」ことが採択されることになります．

	A	B	C	D
1	患者No.	投与前最高血圧	投与後最高血圧	最高血圧の差
2	1	150	129	21
3	2	146	135	11
4	3	152	149	3
5	4	139	125	14
6	5	149	141	8
7	6	137	135	2
8	7	141	137	4
9	8	152	140	12
10	9	141	126	15
11	10	138	134	4
12	平均			9.4
13	不偏分散			39.15555556
14	t値			4.7504107
15	t値の境界値			1.833112933

＝TINV(0.05*2,COUNT(D2:D11)−1)

図 **5.10**　t 値の境界値の計算

ここまで検討して，はじめて，「降圧剤投与前に比べて，投与後の最高血圧の平均の方が低い」ということを，統計的に示したことになります．

5.10 Excelの分析ツールを使って t 検定を行う

次に，Excel の分析ツールを使って t 検定を行ってみましょう．但し，分析ツールは，Windows 用の Excel で使うことができ，Macintosh 用の Excel をお使いの方は，前節のように，Excel の関数を使って t 検定を行うことになります．

分析ツールのセットアップについては，第 8 章をご参照下さい．以降は，分析ツールのセットアップが終わり，分析ツールが使えるようになっていることを前提として進めます．

手順 1 例にならって，「患者 No.」「投与前最高血圧」「投与後最高血圧」のデータを入力します．「患者 No.」は A 列，「投与前最高血圧」は B 列，「投与後最高血圧」は C 列の，それぞれ 2〜11 行に入力されているとします（図 5.5）．

手順 2 「データ」タブを選択し，「データ分析」をクリックします（図 5.11）．

手順 3 「データ分析」ウインドウが表示されるので，「t 検定: 一対の標本による

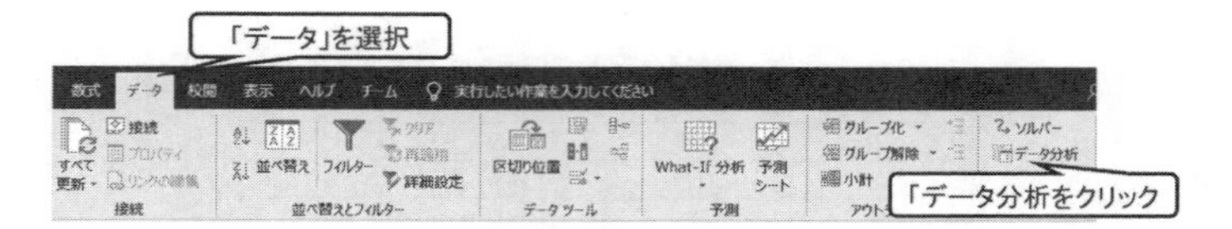

図 **5.11**　「データ」タブの選択と「データ分析」のクリック

平均の検定」を選びます．その後，「OK」をクリックします（図 5.12）．

図 **5.12**　データ分析ウインドウ

〉手順〉**4**「t 検定: 一対の標本による平均の検定」ウインドウが表示されるので，「変数 1 の入力範囲 (1)」の入力欄をクリックした後，B2 セルから B11 セルまでドラッグします．入力欄に「$B$2:$B$11」と入力されていることを確認します．同様に，「変数 2 の入力範囲 (2)」の入力欄をクリックした後，C2 セルから C11 セルまでドラッグします．入力欄に「$C$2:$C$11」と入力されていることを確認します．その後，「OK」をクリックします．他の箇所は変える必要はありません．このとき，「α(A)」と書かれた箇所の値を見ておいて下さい（図 5.13）．

ここで，片側検定の場合で，2 つのデータが並んでいるとき，どちらのデータを，「変数 1 の入力範囲 (1)」「変数 2 の入力範囲 (2)」に指定するか，ということですが，基本的には，**2 つのデータのうち，平均値が大きくなると推定（判断）できるデータを，「変数 1 の入力範囲 (1)」に指定します**．この場合は，B 列の「投与前最高血圧」と「投与後最高血圧」のデータを比べると，降圧剤は血圧を下げるものであるため，「投与前最高血圧」の方が，血圧が高いので，B 列のデータを，「変数 1 の入力範囲 (1)」とします．

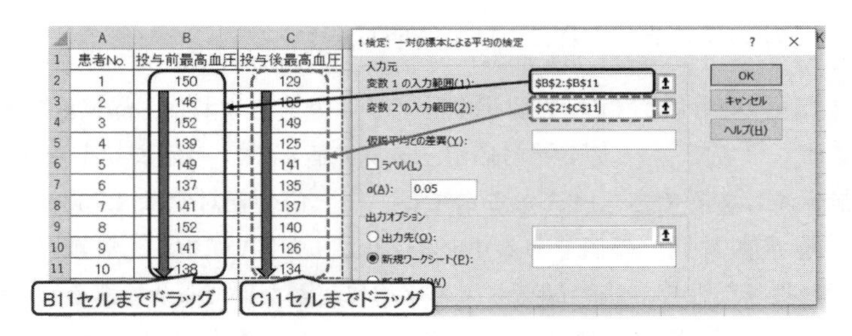

図 **5.13** 「**t** 検定**:** 一対の標本による平均の検定」ウインドウ

〉手順〉**5** 別のシートに,「t 検定: 一対の標本による平均の検定ツール」と書かれたシートが別に作成されます（図 5.14).

	A	B	C
1	t-検定: 一対の標本による平均の検定ツール		
2			
3		変数 1	変数 2
4	平均	144.5	135.1
5	分散	35.38889	53.21111
6	観測数	10	10
7	ピアソン相関	0.569709	
8	仮説平均との差異	0	
9	自由度	9	
10	t	4.750411	
11	P(T<=t) 片側	0.000522	
12	t 境界値 片側	1.833113	
13	P(T<=t) 両側	0.001044	
14	t 境界値 両側	2.262157	

図 **5.14** 「**t** 検定**:** 一対の標本による平均の検定ツール」と書かれたシート

「分析ツール」を使った場合，このシートを基に評価します．見るべきところは，次の (1)，(2) のいずれかです．

(1) 「t」と「t 境界値 片側」の値
(2) 「P(T<=t) 片側」の値

なお,「t」は，これまでの説明でいう「t 値」と同じです．では，どのように見るか，(1) と (2) の場合それぞれについて説明します．

(1) 「t」値の絶対値が「t 境界値 片側」の値より大きければ，帰無仮説を棄却します．一方で，「t」値の絶対値が，「t 境界値 片側」の値より小さければ，帰無仮説は棄却できません．ここでは，「t」値の絶対値は 4.750411 であり，「t 境界値 片側」の値である 1.833113 より大きいため，「帰無仮説 H_0: 降圧剤投与前と投与後の最高血圧の平均に差がない（= 0 である）」は棄却され，「対立仮説 H_1: 降圧剤投与前に比べて，投与後の最高血圧の平均の方が低い」ことが示されました．
ちなみに，〉手順〉4 で，「2 つのデータのうち，平均値が大きくなると推定（判断）できるデータを，『変数 1 の入力範囲 (1)』に指定します」と書きましたが，もし，平均値が小さくなると推定（判断）できるデータを，「変数 1 の入力範囲 (1)」に指定した場合，「t」値は，マイナスの値になります．しかし，注意すべきは，「t」値の絶対値と，「t 境界値 片側」の値を比較するという点にあるので，さほど気にしなくて大丈夫です．

(2) 先の〉手順〉4 で示した「t 検定: 等分散を仮定した 2 標本による検定」のウインドウに示されていた α の値（ここでは 0.05）と，「P(T<=t) 片側」の値を比較します．α の値より，「P(T<=t) 片側」の値が小さければ，帰無仮説を棄却します．一方で，α の値の方が，「P(T<=t) 片側」の値より大きければ，帰無仮説は棄却できません．ここでは，「P(T<=t) 片側」の値は 0.000522 であり，α の値である 0.05 より小さいので，「帰無仮説 H_0: 降圧剤投与前と投与後の最高血圧の平均に差がない（= 0 である）」は棄却され，「対立仮説 H_1: 降圧剤投与前に比べて，投与後の最高血圧の平均の方が低い」ことが採択されることになります．

上記 (1) か (2) のいずれかを検討して，はじめて，「降圧剤投与前に比べて，投与後の最高血圧の平均の方が低い」ということを，統計的に示したことになります．

なお，上記 (1)(2) の場合について，実際に t 検定を行う場合は，(1) か (2) どちらかを検討すれば大丈夫です．

ここで，(2) において，α の値や，「P(T<=t)」の意味する所を考えましょう．この α のことを**有意水準**といいます．4.1 節でも有意水準という言葉が出てきました．4.1 節では，面積の考えに基づいて説明する必要があったため，「全体の面

積の 95%となる範囲」を表す数値と説明しました．正しくは，有意水準とは，検定を行う際に，帰無仮説を設定したときにその帰無仮説を棄却する基準となる確率のことです．

なぜ有意水準を設定するかと言うと，逆に，設定しなければ，何をもって帰無仮説を棄却すれば良いか，基準が定まらないからであり，そのため，一つの目安として設定する必要があるからです．値としては 5%($\alpha = 0.05$) や 1%($\alpha = 0.01$) がよく使われます．ここで重要なのは，有意水準は，検定を行う前に設定しておくということです．

有意水準を 5%に設定するということは，「5%以下の確率で起こる事象は，100 回に 5 回以下しか起こらない事象だ，したがって，このようなまれな事象が起こった場合，偶然起こったものではないとしてしまおう」という意味です．したがって，「P(T<=t)」の値が 0.05 (5%) を下回った場合，その値は偶然取る値ではないと結論付けられます．言い換えると，「極めて珍しいことが起こった」あるいは「何かしら意味があることである (=”有意である”)」ということを表しています．「帰無仮説の前提の下で議論を進めていたにもかかわらず，本来ならば起こるはずのない極めて珍しいことが起こってしまった，それは帰無仮説の前提が間違えていたためである，よってこれが帰無仮説を否定する証拠となるので帰無仮説は否定できる」ということになります．

しかし，5%以下となったとしてもその値を取る可能性は 0 ではないので，有意水準 α は「本当は帰無仮説 H_0 が正しいのに，誤って H_0 を棄却してしまう確率」とも言えます．この「本当は帰無仮説 H_0 が正しいのに，誤って H_0 を棄却してしまうこと」を「**第 1 種の過誤**」といい，α は「第 1 種の過誤を犯す確率」とも呼ばれます．α が小さいということは，「本当は帰無仮説 H_0 が正しいのに，誤って H_0 を棄却してしまう確率」が小さく，起こってもまれである，ということです．とすると，この「本当は帰無仮説 H_0 が正しいのに，誤って H_0 を棄却してしまう確率」ことはほとんど起こらず，前提として設定した，「帰無仮説 H_0 が正しい」ことが成立するという前提がそもそもの間違いであり，したがって，「帰無仮説 H_0 は正しくない」，つまり，棄却される，ということになります．

ここで「第 1 種の過誤」という言葉が出てきたので，ついでに，「**第 2 種の過誤**」についても説明します．第 2 種の過誤とは，「帰無仮説 H_0 が正しくないときに，正しく H_0 を棄却すること」を表します．

■ 第 5 章のまとめ

- ◆ 仮説検定では，主張したい仮説ではない方の仮説を帰無仮説に設定し，帰無仮説を棄却することで，主張したいことが正しいことを証明する．もし棄却できなければ，主張したいことは正しいことにはならない．
- ◆ 平均に差があるかどうかだけ（大小関係は問わない）を検証する検定方法を両側検定といい，平均の大小関係を検証する検定方法を片側検定という．
- ◆ 統計的仮説検定では，帰無仮説と対立仮説の考え，さらに，行うべき検定が両側検定であるか片側検定であるかを考えた上で行う必要がある．
- ◆ 2 つの群の平均の差が統計的に明らかであるかを調べる検定を t 検定という．
- ◆ t 検定は 2 標本の一対比較でしか使えない検定手法である．2 標本より大きい標本に対しては t 検定は使えない．
- ◆ t 検定は，あくまでも母集団が正規分布している，もしくは，母集団が正規分布に近いことが前提の検定手法である．
- ◆ t 検定を行う際には，一度決めた有意水準を変えてはならない．

■ 第 5 章の練習問題 〉〉

問 1 アルコールを摂取することで判断力が鈍ることについて，とある実験を行った．実験には 10 名の実験協力者が参加し，それぞれの実験協力者は，水およびアルコールを飲んだ後に，判断力を評価する試験を行った．判断力の評価試験は，アルコールの効果が影響しないようにするため，異なる日に実施した．実験協力者の半数が最初にアルコールが投与され，残り半数は水が最初に投与された．表 5.1 は 10 名の実験協力者の試験の成績である．試験の成績が良いほど判断力が高いことを意味している．アルコールの投与は判断力に有意な効果をもたらしたかどうかを，t 検定によって調べたい．

表 5.1　判断力の評価実験結果（問 1）

実験協力者 No	水投与後の成績	アルコール投与後の成績
1	17	15
2	15	11
3	11	10
4	19	16
5	14	13
6	19	14
7	13	11
8	15	15
9	17	15
10	14	12

(1) この問題の場合，検定としては，片側検定だろうか，両側検定だろうか？
(2) 帰無仮説と対立仮説はどのようになるか？
(3) アルコールの投与は判断力に有意な効果をもたらしただろうか？

問 2 ある地域の住民は，ピザを注文するときに，デリバリーピザチェーン A と，デリバリーピザチェーン B をよく利用する．チェーン A・チェーン B それぞれの店舗から，この地域までの距離はほぼ等しいものとする．表 5.2 は，過去 7 日間における，チェーン A とチェーン B が，注文を受けてから配達完了するまでの平均所要時間〔分〕を表している．チェーン A とチェーン B が，この地域の住民から注文を受けて，配達完了するまでの所要時間に

表 **5.2** それぞれのデリバリーピザチェーンが配達完了するまでの平均所要時間〔分〕(問 **2**)

A	B
19.3	23.4
25.1	22.6
15.9	17.4
21.5	15.7
20.5	20.9
18.8	18.1
16.9	16.2

は差があると言えるだろうか.

(ヒント:「対応のある 2 標本」と「対応のない 2 標本」の違いを調べてみよ.)

問 3 とあるスーパーマーケットチェーンがキャンペーンを実施した. 表 5.3 は, このスーパーマーケットチェーンの代表的な 10 店舗が, キャンペーン広告を出す前 5 日間と, キャンペーン広告を出した後 5 日間の, 一日の売り上げの平均である. キャンペーン広告の効果はあったと言えるだろうか.

表 **5.3** キャンペーン前後の一日の売上の平均 (問 **3**)

店舗	キャンペーン前の売上〔円〕	キャンペーン後の売上〔円〕
A	75.5	77.9
B	82.1	80.3
C	69.0	71.4
D	79.5	79.0
E	72.8	75.4
F	85.4	86.7
G	76.9	78.2
H	88.2	86.3
I	76.3	78.1
J	80.2	81.4

問 4 ある菓子メーカーに勤務している若手社員が, 新商品が現行のお菓子よりも美味しいことを統計的に示すように言われた. 30 人の評価者に対して,「最も美味しい」を 10 点,「非常にまずい」を 1 点として評価してもらった

ところ，表 5.4 のような結果が得られた．現行商品の平均点は約 7.5 点，新商品の平均点は約 8.1 点であった．「平均点が約 0.6 点上がっているので，現行商品より新商品の方が美味しいと感じているようです」と報告しようとしているが，果たしてこの報告を真に受けて良いのだろうか．

表 5.4　30 人の評価者に対する現行商品と新商品の美味しさの評価結果（問 4）

評価者 No.	1	2	3	4	5	6	7	8	9	10
現行商品	7	9	7	7	9	8	8	7	5	8
新商品	9	8	10	9	8	8	10	8	9	8
評価者 No.	11	12	13	14	15	16	17	18	19	20
現行商品	6	8	7	8	7	7	8	6	7	10
新商品	8	7	8	8	9	8	8	7	8	8
評価者 No.	21	22	23	24	25	26	27	28	29	30
現行商品	9	7	9	8	7	8	8	6	7	8
新商品	7	7	7	7	7	9	6	9	9	8

第6章

専有面積が広ければ賃料も上がる？〜相関〜

ある若手社員が賃貸マンションへの引っ越しを検討しています．一人暮らしなので，ワンルーム，1K，1DKに限定して，インターネットで物件を調べています．家賃は，家の広さ（専有面積）や，最寄り駅までの徒歩時間，築年数など，色々な条件によって左右されているので，どれが良いか悩みどころです．給料に余裕があれば，最寄り駅まで近く，ほぼ新築の物件でも良いのですが，そこまでの金銭的余裕はありません．そこで，まずは，家の広さに着目してみることにしました．この若手社員が，インターネットで物件を調べてみた結果を参考にして，家の広さ（専有面積）が家賃にどう影響しているか，調べてみることにしました．どのように，家の広さ（専有面積）と家賃の関係を調べれば良いでしょうか．

6.1 データの関係性を見てみよう

次の表のように，2 つのデータがあったとします．

物件 No	家賃 (y)	専有面積 (x)
1	65000	35.53
2	50000	35.25
3	51000	30.03
4	46500	20.81
5	59000	31.35
6	50000	30
7	45000	30.24
8	37000	22.55
9	50000	36.45
10	50000	35.25
11	47500	20.81
12	39000	25.92
13	36000	27
14	46000	25.62
15	37000	24.5
16	55000	29.8
17	70000	46.89
18	61000	33.95
19	50000	30
20	50000	32.26
21	54000	25.2
22	58000	28.67
23	45000	20.81
24	39000	25.35
25	51000	41.6
26	35000	25
27	30000	18.55
28	42000	24.75
29	44500	27.9
30	42000	23.62

これは，とある地域のワンルーム・1K・1DK マンションの家賃（賃料＋管理

費）(y) と，その物件の専有面積 (x) を示しています．これを，先の若手社員が，インターネットで物件を調べた結果としましょう．この表について，x と y の関係を可視化してみましょう．

この表を眺めているだけでも良いのですが，表だけですと，ただ数字の羅列に留まっており，専有面積 (x) と家賃 (y) の関係がよく把握できません．しかし，それぞれの変数について，x 座標，y 座標とした 2 次元平面上に点を描くと，それぞれの変数の関係を視覚的に捉えることができ，専有面積 (x) と家賃 (y) の関係を，より把握できるようになります．このように，2 つのデータの関係を視覚的に図示したものを散布図と言います．

この 2 つのデータ（専有面積と家賃）の散布図を，Excel を用いて作ってみましょう．

〉手順〉**1**　例にならって，「物件 No.」「家賃」「専有面積」のデータを入力します．「物件 No.」は A 列，「家賃」は B 列，「専有面積」は C 列の，それぞれ

2～31 行に入力されているとします（図 6.1）.

	A	B	C
1	物件No	家賃	専有面積
2	1	65000	35.53
3	2	50000	35.25
4	3	51000	30.03
5	4	46500	20.81
6	5	59000	31.35
7	6	50000	30
8	7	45000	30.24
9	8	37000	22.55
10	9	50000	36.45
11	10	50000	35.25
12	11	47500	20.81
13	12	39000	25.92
14	13	36000	27
15	14	46000	25.62
16	15	37000	24.5
17	16	55000	29.8

図 **6.1**　「物件 **No.**」「家賃」「専有面積」のデータ入力

手順 **2** 「挿入」タブを選択し，グラフから散布図アイコンを選び，「散布図」をクリックします（図 6.2）.

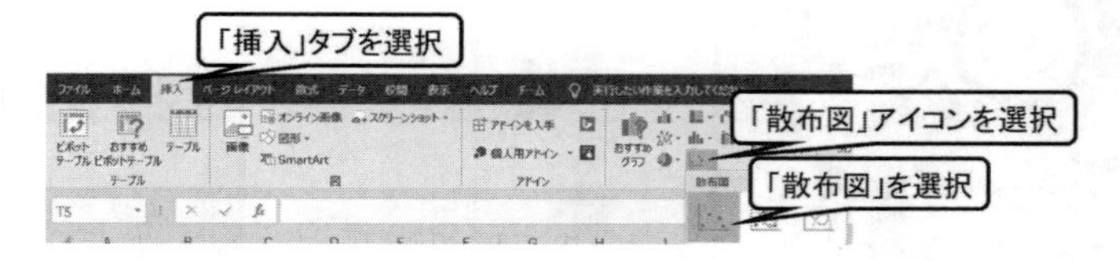

図 **6.2**　「散布図」の選択

手順 **3** シートに出現した白い枠（ここに散布図が描かれます）の上で右クリックし，「データの選択」を選択してクリックします（図 6.3）.

手順 **4** 「データソースの選択」ウインドウで「追加」を選択します（図 6.4）.

手順 **5** 「系列の編集」ウインドウで，「系列 X の値」に専有面積の全データ（データは C2 セルから C31 セルに入っているとします），「系列 Y の値」に家賃の

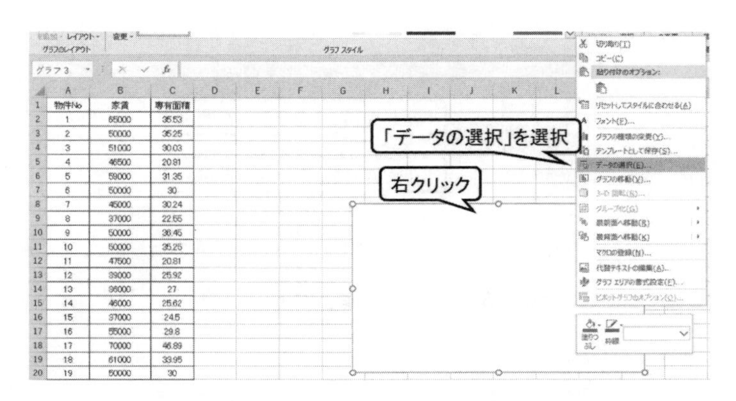

図 6.3 「データの選択」の選択

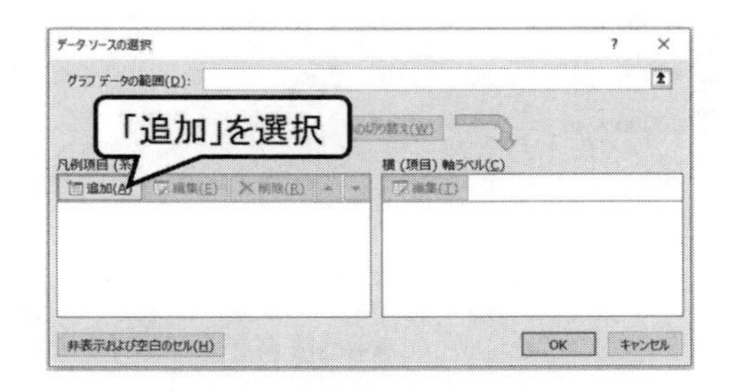

図 6.4 「データソースの選択」ウインドウ

全データ（データは B2 セルから B31 セルに入っているとします）を選びます．したがって，「系列 X の値」は（シート名）!$C$2:$C$31（筆者の環境では Sheet1!$C$2:$C$31），「系列 Y の値」は（シート名）!$B$2:$B$31（筆者の環境では Sheet1!$B$2:$B$31）（図 6.5）となります[*1]．

以上の手順に沿って散布図を作ると．図 6.6 のようになります．

「何となく」ですが，物件の専有面積が広ければ広いほど，家賃も高くなっているように思われます．しかも，その傾向は，直線的であるように見えます．

一般的に，2 つのデータの間には，一方が増加するとそれにあわせてもう一方も増加する場合や，一方が増加するともう一方は減少する，という関係が成立してい

*1 「系列 X の値」を家賃，「系列 Y の値」を専有面積にしても問題ありませんが，後への布石として，ここでは「系列 X の値」を専有面積，「系列 Y の値」を家賃にしています．

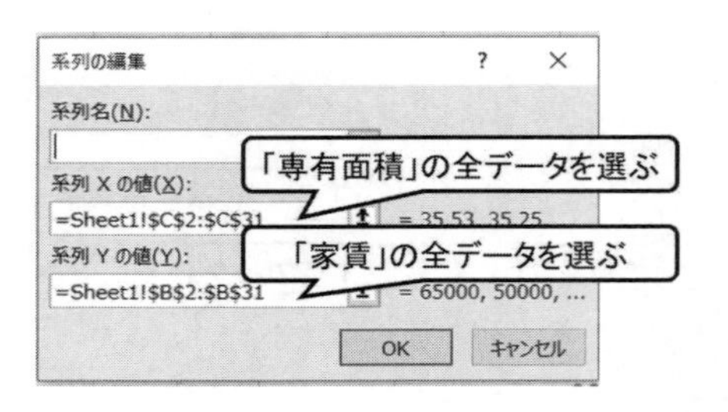

図 **6.5**　「系列の編集」ウインドウ

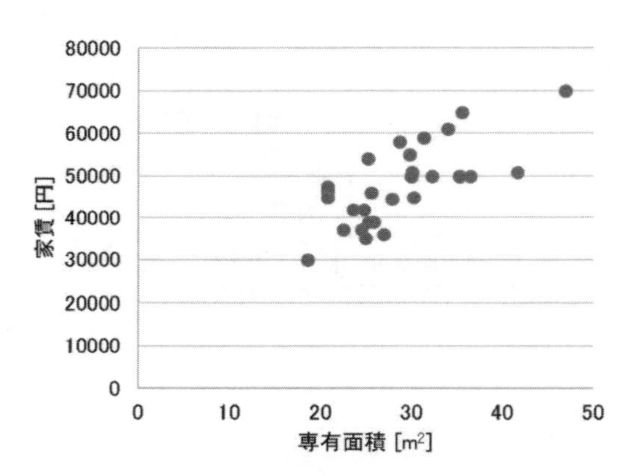

図 **6.6**　専有面積 (x) と家賃 (y) の関係を示した散布図

る場合が多く見受けられます．このとき，2つのデータには「相関がある」もしくは「相関関係がある」と言います．逆に，一方が増加する傾向であっても，もう一方は何の傾向も見られないような場合を，「相関がない」または「相関関係がない」と言います．

6.2　2つの変数の関係の度合いを数値で表す〜相関係数〜

先程は，2つのデータの間の関係の有無について，「相関」の一言で済ませてしまいました．

しかし，「どの程度」2つのデータの間には関係があるのでしょうか．2つのデータの関係の度合いを数値として表すことができると非常に便利です．そこで，「相関がどの程度あるか」を定量的に示すための「判断の基準」として，**相関係数**というものを導入します．相関係数は r という文字で示し，$r = 0.\square\square$ というような表現をすることで，「相関がある（相関関係がある）」「相関がない（相関関係がない）」度合い，つまり，2 つのデータの間の関係性の強さを示します．なお，相関係数の導出の仕方は第 8 章を参照して下さい．

N 個ずつの 2 種類のデータがあるとき，相関係数は次のような式で表されます．

$$(\text{相関係数})\ r = \frac{\dfrac{((\text{一方のデータ}) - (\text{一方のデータの平均値})) \times ((\text{他方のデータ}) - (\text{他方のデータの平均値}))\text{の総和}}{\text{データの個数}\ (N)}}{(\text{一方のデータの標準偏差}) \times (\text{他方のデータの標準偏差})} \tag{6.1}$$

式 (6.1) の分子について見てみます．分子は，データと，データの平均値の差の積になっています．データと，データの平均値の差のことを**偏差**と言います，そして，状況によって，「偏差が正」の値を取る場合と，「偏差が負」の値を取る場合があります（図 6.7）．2 つのデータが，図 6.6 のような散布図として表されるとしましょう．

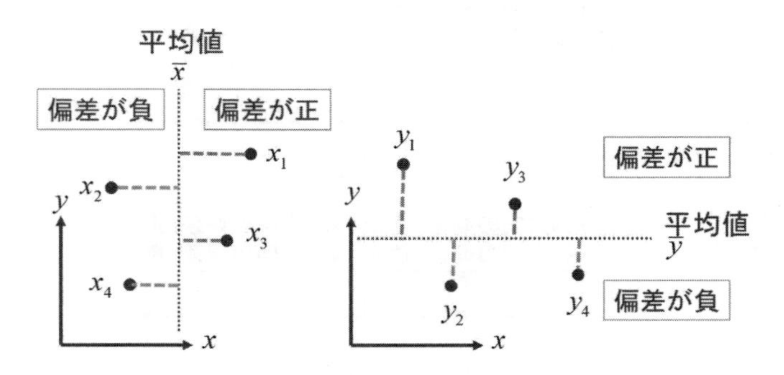

図 **6.7**　偏差の意味をもう一度考える

x 軸について考えてみると，図 6.7 の左のように，x 軸方向のデータの平均値より左側にあるデータについては，データと，データの平均値の差が負なので，偏差は負になります．一方，x 軸方向のデータの平均値より右側にあるデータについては，データと，データの平均値の差が正なので，偏差は正になります．同様に，

y 軸について考えてみると，図6.7の右のように，y 軸方向のデータの平均値より下側にあるデータについては，データと，データの平均値の差が負なので，偏差は負になります．一方，y 軸方向のデータの平均値より上側にあるデータについては，データと，データの平均値の差が正なので，偏差は正になります．

今は x 軸方向，y 軸方向と別々に考えてみましたが，次に，x 軸，y 軸を一緒に考えてみましょう．

点線が，データの x の値の平均および y の値の平均を示すとします．それぞれのデータについて，「x 軸方向の偏差の正負」「y 軸方向の偏差の正負」を調べると，図6.8のように，4つのパターンに分けられることがわかります．つまり，図において，点線を境にして4つの領域に分けるとすると，右上は「x 軸方向の偏差が正」で「y 軸方向の偏差が正」，左上は「x 軸方向の偏差が負」で「y 軸方向の偏差が正」，左下は「x 軸方向の偏差が負」で「y 軸方向の偏差が負」，右下は「x 軸方向の偏差が正」で「y 軸方向の偏差が負」，を満たすデータが集まる領域になります．

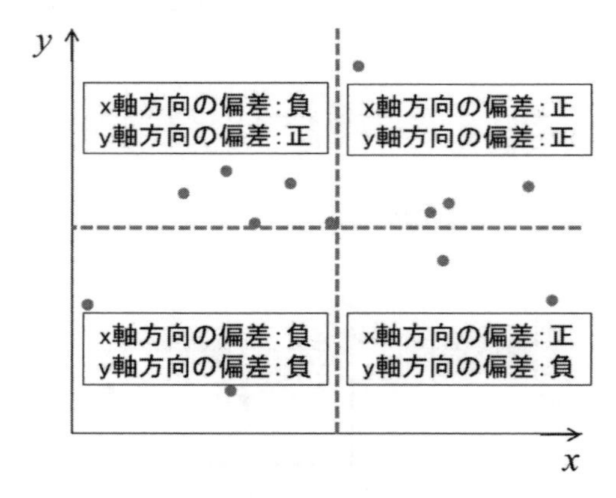

図6.8 「x 軸方向の偏差の正負」と「y 軸方向の偏差の正負」による分類

ここで，先ほどの式(6.1)のうち，分子の，データと，データの平均値の差の積の部分だけに着目してみましょう．図6.8において，右上の部分（「x 軸方向の偏差が正」で「y 軸方向の偏差が正」）と左下の部分（「x 軸方向の偏差が負」で「y 軸方向の偏差が負」）は，両方とも，「データと，データの平均値の差の積」が正になる部分です．この「右上の部分」と「左下の部分」の両方が，積が正になる領域であることから，右上がりの分布の相関係数は正になるということになります．同様に，左上の部分（「x 軸方向の偏差が負」で「y 軸方向の偏差が正」）と右下の部分（「x 軸方向の偏差が正」で「y 軸方向の偏差が負」）は，両方，ともに，データと，データの平均値の差の積が負になります．この「左上の部分」と「右下の部分」の両方が，積が負になる領域であることから，右下がりの分布の相関係数は負になるということになります．したがって，式 (6.1) の分子の部分は，相関係数において，正負を決める部分であると判断できます．

次に，式 (6.1) のうち，分母である，データの標準偏差の積に着目してみましょう．2 次元のデータでは，データのばらつきが大きいほど，分子の値が大きくなる傾向にあります．そのため，式 (6.1) の分子の式だけでは，正の相関か，負の相関か，ということだけしかわからず，相関の強さまでは判断できません．そのため，うまくデータを -1 から 1 の間に収まるように，それぞれのデータの x 方向および y 方向の標準偏差の積で割ることで補正し，相関の強さを評価できるようにしています．

さて，相関係数については，その値の大小によって，表 6.1 のような言い方をします．

表 6.1 相関係数と表現方法

相関係数 (r)	表現
$0.9 \leqq r \leqq 1.0$	ほぼ完全な正の相関がある
$0.7 \leqq r \leqq 0.9$	かなり強い正の相関がある
$0.4 \leqq r \leqq 0.7$	正の相関がある
$0.2 \leqq r \leqq 0.4$	弱い正の相関がある
$-0.2 \leqq r \leqq 0.2$	殆ど相関がない
$-0.4 \leqq r \leqq -0.2$	弱い負の相関がある
$-0.7 \leqq r \leqq -0.4$	負の相関がある
$-0.9 \leqq r \leqq -0.7$	かなり強い負の相関がある
$-1.0 \leqq r \leqq -0.9$	ほぼ完全な負の相関がある

表 6.1 で，「**正の相関**」と「**負の相関**」という言い方が出てきています．「一方が増加するとそれにあわせてもう一方も増加する傾向にある」場合を「正の相関」と呼び，逆に，「一方が増加するとそれにあわせてもう一方は減少する傾向にあ

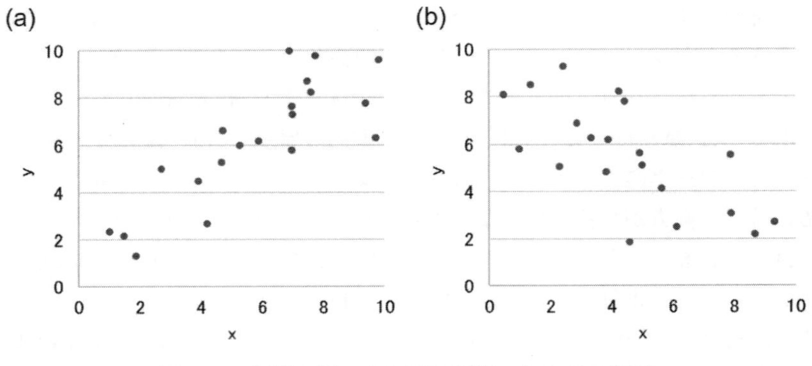

図 **6.9** 相関の例. **(a)** 正の相関, **(b)** 負の相関

る」場合を「負の相関」と呼びます. 例えば, 図 6.9 の場合, (a) のような場合を「正の相関」と呼び, (b) のような場合を「負の相関」と呼びます. 簡単に表現すると, 散布図において, 右上がりの傾向の場合「正の相関」と表現し, 右下がりの傾向の場合「負の相関」と表現します.

また, 表 6.1 のような分類の仕方は, 技術分野・領域によって若干の違いがあるようです. 例えば, r=0.6 を基準にして, $r < 0.6$ の場合は十把一絡げに「相関がない (相関関係がない)」と見なしている場合もあります. 相関係数の値によってどのように表現するかは, ご自身の技術分野の論文や参考書などをご覧になり, 確認しておいて下さい.

相関係数は, Excel を用いて, 次のように求めます.

先の表のデータが, 図 6.1 のように Excel に入力されているとします. つまり, A 列 2 行目から 31 行目までは物件番号, B 列 2 行目から 31 行目までは家賃, そして C 列 2 行目から 31 行目までは専有面積が入力されているとします.

このとき,「家賃」と「専有面積」の相関係数を見るならば, 任意の空白セルに, このように入力してみましょう.

```
=CORREL(B2:B31,C2:C31)
```

つまり, B 列 2 行目から 31 行目まで入力されている「家賃」と, C 列 2 行目まで入力されている「専有面積」の相関係数を求める, ということです. CORREL 関数は相関係数を求める Excel の関数です.

今回入力したデータでは，0.7136･･･ という値が出てくるはずです．つまり，「家賃」と「専有面積」の間には強い（高い）正の相関がある，ということが言えます．

6.3 》》 そのデータ，そのまま使って大丈夫？～相関係数の罠～

さて，相関係数を求めることができ，何も考えずに「やった，思った通り相関があった」と喜んでしまうことが多々あります．

でも，その前に，もう一度よく考える必要があります．その相関係数，本当に正しいのでしょうか？　例えば，図 6.10 を見てみましょう．

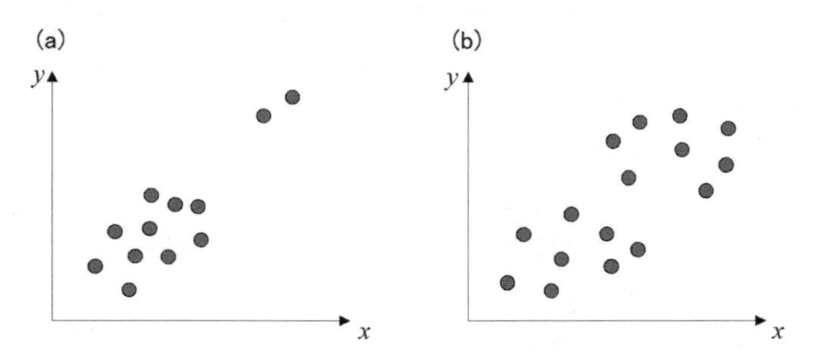

図 **6.10**　見た目的にはデータに相関がありそうだが･･･？

「全部の点をまとめて見てみるとすれば」，強い相関が得られるかも知れません．

ですが，これには罠があります．図 6.10 で示されたデータを詳細に見たら，実は，図 6.11 のようになったとしましょう．

例えば図 6.11 (a) のような場合は，2 つだけ「仲間はずれ」の点，いわゆる「外れ値」があります．この「外れ値」が足を引っ張っており，相関係数が大きくなってしまうことがあるのです．本当はもっと「ボヤッとした関係」なのかも知れないのに，外れ値の影響で，あたかも関係性が強いかのようになってしまっているのです．図 6.11 (b) のような場合は，△と○は違ったグループのデータであるとしましょう．例えば，△は高齢者のデータ，○は若年者のデータだったとしましょう．このように，明らかに特徴，性質が異なるグループであっても，ひとまとめにして考えると，あたかも相関があるように見えます．ですが，それぞれのグルー

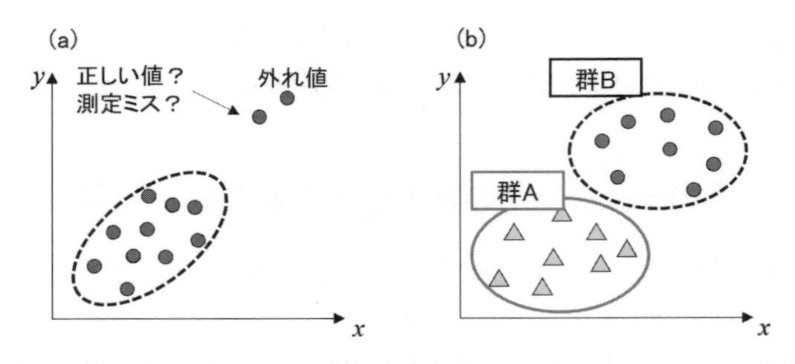

図 6.11　相関の罠．(a)：外れ値の影響，(b)：性質が異なるグループの影響

プだけで考えると，本当は相関が無いのかも知れません．このように，異なる特徴，性質のデータをまとめて考えてしまうと，見かけ上は相関があるように見える，ということがあります．

ですので，思った以上に相関係数が大きくなった場合は，このようなことを疑ってみることが大事です．外れ値があって，明らかに測定ミスであれば，そのデータを除外して，もう一度相関係数を求めてみる，様々な属性のデータ（性別，年齢など）が混在していないか，などをよく精査し，もし混在しているのであれば，属性毎に分けて，改めて相関係数を求めてみる，など，状況に応じて臨機応変に対応する必要があります．この辺りは慣れが必要かと思います．

6.4 見た目の相関に騙されるな！〜疑似相関〜

例えば,「一日にコーヒーを飲む回数」と「心筋梗塞のリスク」の関係を調べたところ，強い相関が見られたとします．このことから,「コーヒーを飲用すると心筋梗塞のリスクが高くなる」と結論づけて良いのでしょうか．

「一日にコーヒーを飲む回数」や「心筋梗塞のリスク」のそれぞれには，別の要因が潜んでいるかも知れません．喫煙，例えば「一日に煙草を吸う本数」という要因を考えてみましょう．煙草を吸う人は，コーヒーを飲むときに煙草を吸う傾向にあります．一方で，喫煙により心筋梗塞のリスクが高まると言われています．つまり，

「一日に煙草を吸う本数」と「一日にコーヒーを飲む回数」,

「一日に煙草を吸う本数」と「心筋梗塞のリスク」

のそれぞれには相関が見られます．このことに起因して，実際には相関があるとは限らないにも拘らず,「一日にコーヒーを飲む回数」と「心筋梗塞のリスク」に，あたかも相関があるかのように見えてしまいます．これを擬似相関と言います（図 6.12)．

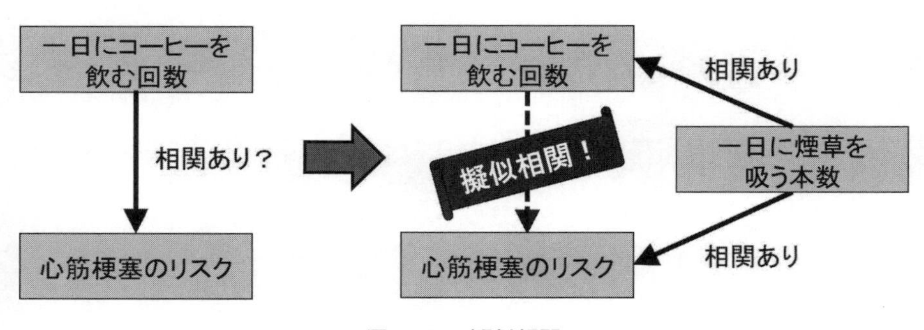

図 **6.12**　疑似相関

相関を見る時には，2 つの変数の背後に真の要因が存在する可能性を考える必要があります．

■ 第6章のまとめ

- 2つのデータの関係の度合いを数値として表すものとして，相関係数がある．
- 相関係数は −1 から 1 の間を取り，−1 や 1 に近いほど 2 つのデータは相関がある．0 に近いほど相関がない．
- また，相関係数が正の値であれば，一方が増加するとそれに合わせてもう一方も増加する，正の相関である．逆に，負の値であれば，一方が増加するとそれに合わせてもう一方は減少する，負の相関である．
- 外れ値の影響や，明らかに特徴，性質が異なるグループをひとまとめにして考えることで，見かけ上は相関があるように見えてしまうことが生じるので，相関係数を求める際に，データを精査する必要がある．

■ 第 6 章の練習問題 〉〉

問 1 表 6.2 は，2018 年 3 月末現在の軽三・四輪車の都道府県別シェアと，それぞれの都道府県の，2018 年 4 月 1 日時点の人口密度および 2017 年度地域別最低賃金時間額を示したものである[*2]．このデータについて，次の問いに答えよ．

(1)「最低賃金時間額」と「軽三・四輪車シェア」の相関係数を求めよ．また，相関係数に基づいて，各都道府県の最低賃金時間額と軽三・四輪車シェアに関して考察せよ．

(2)「人口密度」と「軽三・四輪車シェア」の相関係数を求めよ．

(3) 横軸を「人口密度」，縦軸を「軽三・四輪車シェア」とした散布図を作成せよ．気になった点を考察せよ．

(4) (3) の結果を踏まえて，外れ値を除去した上で，「人口密度」と「軽三・四輪車シェア」との相関係数を求めよ．また，相関係数に基づいて，人口密度と軽三・四輪車シェアに関して考察せよ．

*2 出典：全日本軽自動車協会連合会ホームページ，https://www.zenkeijikyo.or.jp/statistics/4ken-share-2803，平成 29 年地域別最低賃金時間額答申状況，https://www.mhlw.go.jp/file/04-Houdouhappyou-11201250-Roudoukijunkyoku-Roudoujoukenseisakuka/0000174738.pdf，都道府県市区町村，https://uub.jp/prf/pbs.cgi?B=20180401

表 **6.2** **2018** 年 **3** 月末現在の軽三・四輪車の都道府県別シェア，各都道府県の **2018** 年 **4** 月 **1** 日時点の人口密度および **2017** 年度地域別最低賃金時間額（問 **1**，次ページに続く）

都道府県名	軽三・四輪車シェア [%]	最低賃金時間額 [円]	人口密度 [人 /m^2]
北海道	31.9	810	67.85
青森県	46.4	738	132.54
岩手県	45.7	738	82.15
宮城県	37.9	772	318.86
秋田県	46.8	738	85.53
山形県	45.3	739	118.14
福島県	41.0	748	136.58
茨城県	36.6	796	475.08
栃木県	36.2	800	306.17
群馬県	39.8	783	307.82
埼玉県	33.3	871	1,924.19
千葉県	32.8	868	1,212.94
東京都	20.4	958	6,263.97
神奈川県	25.9	956	3,791.60
新潟県	45.9	778	180.08
富山県	41.4	795	248.59
石川県	39.6	781	274.11
福井県	43.6	778	185.74
山梨県	45.6	784	184.44
長野県	47.3	795	153.08
岐阜県	40.6	800	189.31
静岡県	41.5	832	472.32
愛知県	32.0	871	1,455.06
三重県	43.8	820	311.53
滋賀県	45.5	813	351.71
京都府	39.7	856	563.57
大阪府	32.6	909	4,635.69
兵庫県	37.2	844	655.04
奈良県	43.0	786	365.29
和歌山県	53.8	777	199.87
鳥取県	52.6	738	161.17

都道府県名	軽三・四輪車シェア [%]	最低賃金時間額 [円]	人口密度 [人 /m^2]
島根県	53.0	740	102.06
岡山県	48.0	781	268.25
広島県	44.3	818	333.75
山口県	47.4	777	226.02
徳島県	49.2	740	179.26
香川県	48.7	766	515.59
愛媛県	51.9	739	240.28
高知県	55.0	737	100.43
福岡県	41.1	789	1,024.83
佐賀県	51.1	737	337.46
長崎県	54.9	737	327.67
熊本県	48.5	737	238.28
大分県	48.9	737	181.66
宮崎県	52.0	737	140.67
鹿児島県	52.7	737	176.86
沖縄県	54.8	737	632.97

問 2 表 6.3 は，37 名を対象とした，食塩摂取量と，最高血圧のデータである[*3]．このデータについて，次の問いに答えよ．

(1) 37 名の喫煙習慣有無を考慮せず，横軸を「食塩摂取量」，縦軸を「最高血圧」とした散布図を書け．

(2) 37 名の喫煙習慣有無を考慮せず，「食塩摂取量」と「最高血圧」の相関係数を求めよ．

(3)「喫煙習慣なし」群と「喫煙習慣あり」群それぞれに関し，横軸を「食塩摂取量」，縦軸を「最高血圧」とした散布図を書け（1 つのグラフに「喫煙習慣なし」群と「喫煙習慣あり」群の両方の散布図を書け）．

(4)「喫煙習慣なし」群および「喫煙習慣あり」群の「食塩摂取量」と「最高血圧」の相関係数をそれぞれ求めよ．このことから何が言えるか考察せよ．

[*3] 出典：第 28 回管理栄養士国家試験問題（公衆栄養学）を参考に作成

表 **6.3** **37** 名の食塩摂取量と最高血圧（問 **2**）

喫煙習慣の有無	食塩摂取量〔g〕	最高血圧〔mmHg〕
喫煙習慣なし	5	102
	8	109
	14.2	99
	10.1	99
	12.3	110
	11	130
	10.1	93
	6	111
	14.4	113
	7.2	105
	15	114
	13	106
	10.2	125
	9.3	118
	7.5	123
	7.9	94
	8.1	125
喫煙習慣あり	23.8	157
	25.2	152
	14.5	137
	24.5	140
	22.2	137
	23.5	149
	19.6	114
	16.5	139
	15	118
	13.5	127
	23.9	162
	14	128
	27	157
	21.8	147
	17	146
	20	158
	18	129
	10.5	102
	26	148
	20.4	130

PIZZA
ラーメン
きつねうどん
茶
アメ

第7章

家賃は築年数だけで決まる？ ～回帰分析～

さて，前章の若手社員，家の広さ（専有面積）と家賃の間には関係があるということは理解できました．次に考えたいのは，自分が一ヶ月に支払える額だと，どの程度の家の広さ（専有面積）の物件を借りることができるだろうか，ということです．この若手社員が一ヶ月に支払える家賃は**6**万円です．**6**万円では，どの程度の広さ（専有面積）の物件を借りられるでしょうか．

7.1 》》 データを予測する式を作る～単回帰分析～

6.1 節では，散布図から，何となく，「専有面積と家賃は関係がありそうだ，しかも，専有面積が広ければ広いほど家賃は高くなる」ということを感じたと思います．ここで，中学の数学で学んだ，一次関数を思い出しましょう．一次関数とは，y と x が，

$$y = ax + b \tag{7.1}$$

という関係で表されることを意味します．ここで，a は傾き，b は切片と言いました．

例えば，図 6.6 で，x=25 前後のとき，つまり，専有面積が 25〔m^2〕程度の物件では，y の値，つまり，家賃は，35,000〔円〕から 54,000〔円〕程度の値を取るということがわかります（図 7.1）．ですが，35,000〔円〕から 54,000〔円〕程度の値を取るというと，ちょっと家賃のばらつきが大きいので，「45,000〔円〕位の値を取る」という風にすれば，おおよその傾向は掴みやすくなるのではないでしょうか．そのためには，専有面積と家賃の関係が，式 (7.1) のように，一次関数で表すことができれば非常に便利です．なぜなら，一次関数というものは，x の値が一つに決まれば，対応する y の値が一つに決まるからです．そのため，専有面積と家賃の関係が一次関数で表すことができれば，専有面積の値を任意に決めれば，専有面積に対応する家賃が，唯一に決まります．

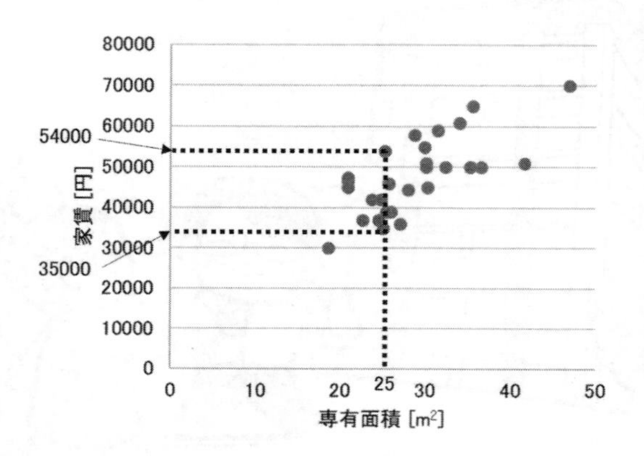

図 7.1 家賃には幅がある

このように，ある一つの変数を用いて，別の変数を表す一次関数の式を求めて，分析する手法を，**単回帰分析**と言います．

さて，ここまでの話で，専有面積と家賃は関係がありそうで，中学数学のように，

$$(\text{家賃}) = a \cdot (\text{専有面積}) + b \tag{7.2}$$

と表されるとしましょう．このとき，説明したい変数（注目している変数）のことを**目的変数**（または**従属変数**）といい，目的変数（従属変数）を説明するために用いる変数を**説明変数**（または**独立変数**）といいます（図 7.2）．いまの例では，家賃は目的変数（従属変数）であり，専有面積は説明変数（独立変数）となります．以降では，目的変数，説明変数という言い方に統一します．

家賃 = $a\cdot$ **専有面積** + b

目的変数　　説明変数

図 7.2　目的変数と説明変数の関係

Excel では単回帰分析は簡単に行うことができます．しかし，簡単に行うことができるために，注意点も多く存在します．特に，得られた式について解釈を全く行わず，式が得られたからそれで万事 OK と考えてしまう人も意外と多いです．非常に基本的ですが，単回帰分析の結果を読み解くことも重要です．

Excel を用いた単回帰分析によって，専有面積と家賃の間は，次の式 (7.3) で示されるような関係式（回帰式）で表されることがわかります．

$$(\text{家賃}) = 1021.9 \times (\text{専有面積}) + 18362 \tag{7.3}$$

まず，専有面積の前についている係数，1021.9 に着目します．この 1021.9 は何を意味しているのでしょうか．

いま，専有面積の値を 1 だけ増加させてみましょう．そうすると，家賃は，どの程度増えたでしょうか．そうです，1021.9 だけ増えました．このことから，1 単位専有面積が増えれば家賃が約 1,022〔円〕増加することがわかります．つまり，1〔m^2〕，専有面積が増せば，家賃は約 1,022〔円〕増加する，ということになります．

一方で，式 (7.3) における，18362 という値にも着目しましょう．仮に専有面積がゼロを取る場合を想定すると，家賃の値は 18,362〔円〕となります．つまり，最低でも家賃は 18,362〔円〕より高くなることが言えます[*1]．

このように，単に単回帰分析を行うだけでなく，係数や切片の値が何を意味しているのかも吟味することで，より詳細な情報が得られることになります．

[*1] 現実には専有面積 0 m^2 ということはあり得ないのですが，今は気にしないでおきます．

7.2 》どんな直線がデータを最もよく表しているのか？

ここで，単回帰分析とは，いわば，散布図を「最もよく」近似するような直線をエイヤッと引っ張ることを意味します．しかし，どのようにすれば「散布図を最もよく近似するような直線」を引っ張ることができるのでしょうか．極端なことを言えば，直線はいくらでも引っ張ることができます．図 7.3 で，「最もよく近似する直線」は実線です．しかし，例えば点線のような線でも，「最もよく近似している」としても問題なさそうですが･･･？仮に「エイヤッ」と引っ張った直線があったとすると，その直線上の点と，実際のデータの点のズレが小さければ，この「エイヤッ」と引っ張った直線は，散布図，つまり，データを「最もよく」表していると言っても良いでしょう．後で説明する，Excel の分析ツールでも，この考えに基づいて式が求められています．

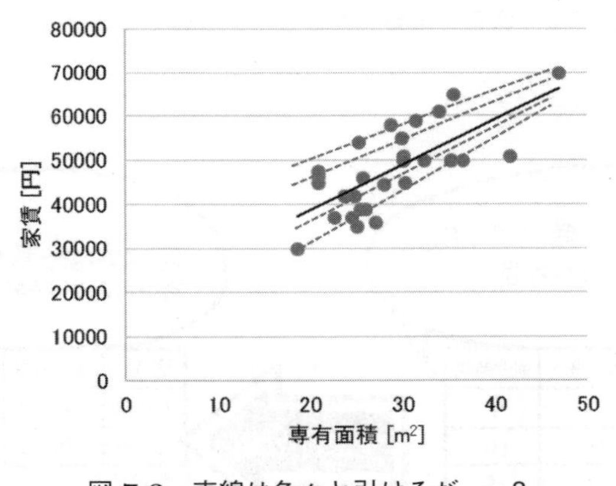

図 **7.3**　直線は色々と引けるが･･･？

さて，例題では，若手社員は，家賃は 6 [万円] まで出せる，ということでした．ですので，先程得られた式，

$$(\text{家賃}) = 1021.9 \times (\text{専有面積}) + 18362$$

の，「家賃」の箇所に，60000 を代入し，「築年数」について，簡単な 1 次方程式を解くと，築年数は

$$(\text{専有面積}) = \frac{60000 - 18362}{1021.9} \fallingdotseq 40.7$$

つまり，この若手社員は，高々 40.7〔m^2〕の物件を借りることができる，ということがわかります．

7.3 》 もっと精度の良い予測をするには？～重回帰分析～

例題

よくよく考えると，ワンルーム・**1K**・**1DK** マンションについて，家賃に及ぼす影響は専有面積だけではないはずです．先の若手社員が，さらにデータを収集したところ，物件について，専有面積以外にも，築年数と，最寄り駅までの徒歩時間のデータが手に入りました．専有面積，築年数，最寄り駅までの徒歩時間は，それぞれ，どの程度，家賃に影響を及ぼしているのでしょうか．

果たして専有面積だけが家賃に影響するのでしょうか．これまでのデータでは，専有面積と家賃のデータしかありませんでした．しかし，実際には，もっと多くのデータがあるはずです．これまでのデータ（表 6.1）は，実は，表 7.1 の一部だった，としたらどうでしょうか．

表 7.1　ワンルーム・1K・1DK マンションの実データ

物件 No	家賃	専有面積	築年数	最寄り駅までの徒歩時間
1	65000	35.53	1	9
2	50000	35.25	23	10
3	51000	30.03	10	18
4	46500	20.81	10	20
5	59000	31.35	13	3
6	50000	30	13	25
7	45000	30.24	14	11
8	37000	22.55	34	23
9	50000	36.56	11	9
10	50000	35.25	23	8
11	47500	20.81	10	12
12	39000	25.92	18	27
13	36000	27	21	26
14	46000	25.62	16	14
15	37000	24.5	59	21
16	55000	29.8	14	7
17	70000	46.89	38	3
18	61000	33.95	1	9
19	50000	30	10	28
20	50000	32.26	14	17
21	54000	25.2	3	5
22	58000	28.67	1	10
23	45000	20.81	10	17
24	39000	25.35	13	20
25	51000	41.6	16	8
26	35000	25	15	26
27	30000	18.55	28	25
28	42000	24.75	21	27
29	44500	27.9	14	19
30	42000	23.62	21	20

そう考えてみると，前節では専有面積と家賃が関係していると説明しましたが，家賃に影響するのは本当に専有面積だけでしょうか．築年数や最寄り駅までの徒歩時間も影響していると考えられます．

つまり，式 (7.2)，

$$(\text{家賃}) = a \cdot (\text{専有面積}) + b \tag{7.2}$$

のように，専有面積だけで家賃が決まる，ということではなく，ひょっとしたら，専有面積，築年数，最寄り駅までの徒歩時間によって家賃が決まる，とは考えられないでしょうか．そして，このような考えに基づけば，係数を a_1，a_2，a_3，b としたとき，

$$\begin{aligned}(\text{家賃}) = {} & a_1 \cdot (\text{専有面積}) + a_2 \cdot (\text{築年数}) \\ & + a_3 \cdot (\text{最寄り駅までの徒歩時間}) + b\end{aligned} \tag{7.4}$$

のように表すことができないでしょうか．もしこのように表すことができれば，家賃の決まり方を説明する要因が，より多くなったので，家賃がどういう要因でもって説明されるか，さらに精度良く評価できるかも知れません．

式 (7.4) は，前節で述べた単回帰分析の式 (7.2) に対して項が増えていますが，式としては単回帰分析の式と似ています．式 (7.4) の右辺は，「専有面積」「築年数」「最寄り駅までの徒歩時間」に係数 (a_1，a_2，a_3) を掛けて，定数項 (b) を加味して，それぞれ足し合わせています．式 (7.2) の単回帰分析の式と比較すると，「専有面積」だけでなく，「築年数」「最寄り駅までの徒歩時間」が加味されているという

違いがあります．つまり，説明変数が増えていることがポイントとなります．単回帰分析に対して，**複数の変数（説明変数）**を用いて，別の変数（目的変数）を表す一次式を求めて，分析する手法を，**重回帰分析**といいます．ここまでの話を踏まえて，単回帰分析と重回帰分析の違いをまとめると，図 7.4 のようになります．

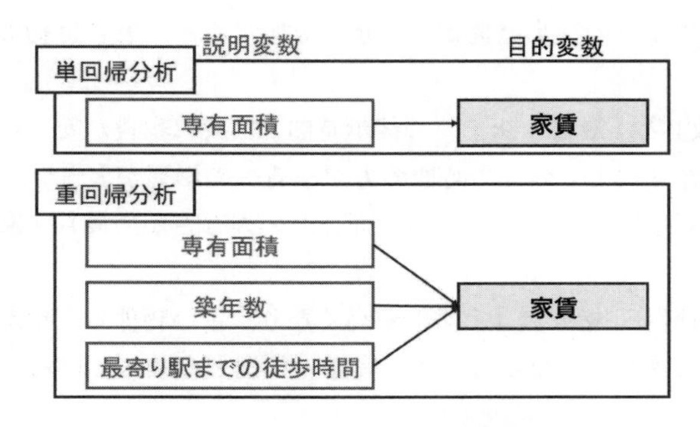

図 **7.4** 単回帰分析と重回帰分析の違い

単回帰分析や重回帰分析のように，一次式によって，説明変数と目的変数の間の関係を最もよく説明できる式を求める手法を，**回帰分析**といいます．

回帰分析は主に次の目的で用いられます．

1. 説明変数を任意の値にしたときに，目的変数はどのような値になるかを予測する．例えば，専有面積を変化させたときに，家賃がどのようになるかを予測する．
2. 目的変数を任意の値として実現したい場合，説明変数はどの程度の値にすれば良いかを検討する．例えば，ある家賃の物件を借りるには，どの程度の専有面積である必要があるかを検討する．

いま，「専有面積」「築年数」「最寄り駅までの徒歩時間」すべての説明変数を用いて，目的変数「家賃」を説明した場合，後述する Excel の「分析ツール」を用いて，重回帰分析した結果は，次のようになります．

$$\begin{aligned}(\text{家賃}) &= 643.83 \cdot (\text{専有面積}) - 213.47 \cdot (\text{築年数}) \\ &\quad - 506.82 \cdot (\text{最寄り駅までの徒歩時間}) + 40852.88\end{aligned} \tag{7.5}$$

重回帰分析でも，係数や切片の値が何を意味しているのかも吟味する必要があることは，単回帰分析の場合と同じです．この結果から，次のことがわかります．

- 専有面積が 1〔m^2〕増加すると，家賃は約 644〔円〕高くなる．
- 築年数が 1〔年〕増加すると，家賃は約 213〔円〕安くなる．
- 最寄り駅までの徒歩時間が 1〔分〕増加すると，家賃は約 507〔円〕安くなる．
- 「築年数」と「最寄り駅までの徒歩時間」は共に家賃が安くなる要因であるが，最寄り駅までの徒歩時間の方が家賃への影響が大きい．
- 3 つの説明変数の中では，「専有面積」の大きさが，最も「家賃」に影響している．
- 「専有面積」が増せば「家賃」が高くなり，古い物件や，駅から離れている物件は家賃が安くなることは，実際の状況と合致している．

7.4 回帰分析で注意すべき点

いま，前節の重回帰分析で用いた説明変数である「専有面積」「築年数」「最寄り駅までの徒歩時間」は互いに相関があるのかどうか，調べてみましょう．調べた結果は表 7.2 のようになります．

表 7.2 「専有面積」「築年数」「最寄り駅までの徒歩時間」の相互の相関係数

	専有面積	築年数	最寄り駅までの徒歩時間
専有面積	1	-0.02	-0.59
築年数	-0.02	1	0.23
最寄り駅までの徒歩時間	-0.59	0.23	1

この結果を見ると，「専有面積」と「最寄り駅までの徒歩時間」の相関係数は -0.59 となり，それなりに相関が見られることがわかります．説明変数によっては，もっと強い相関が見られる組み合わせもあります．例えば，この他に「リビングの面積」という説明変数があったとしましょう．「専有面積」と「リビングの面積」は互いに関係すると考えられますので，「専有面積」と「リビングの面積」は強い相関が見られると考えられます（図 7.5）．

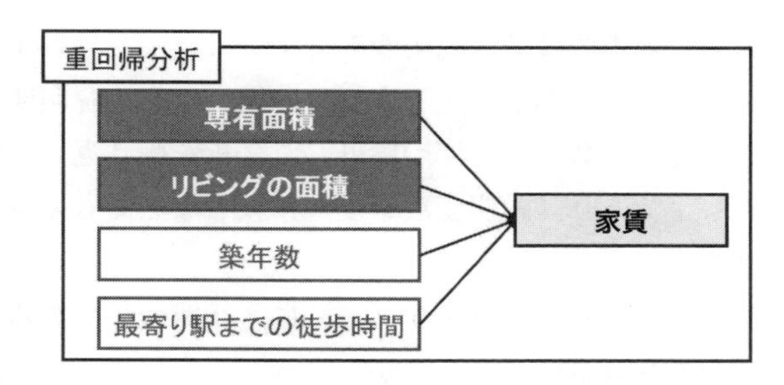

図 7.5 強い相関が見られる組み合わせを用いて良いか？

このように，強い相関があるもの同士を両方説明変数として加えることは，重回帰分析を行う上で良くありません．この場合，**決定係数**が必要以上に大きな値となってしまう，などの症状が出てしまいます．

回帰分析によって得られた式は，あくまでも実際のデータを，簡単な式（モデル）で説明しているに過ぎません．得られた式が，実際のデータをどれだけよく表しているか表す指標があれば，得られた式が，データをちゃんと再現しているかどうかを評価する指標になるでしょう．この指標が決定係数です．

強い相関があるもの同士を両方説明変数として回帰分析をすると，実際には，データを余り良く説明することができない式であるのに，得られた式は，データを十分に説明できる式になってしまい，得られた式の妥当性を過剰に評価することになってしまうのです．

このように，説明変数の間に強い相関があることを**多重共線性**（マルチコ[*2]）があると言います．多重共線性を考慮しないで重回帰分析を行うと，データに対して式の当てはまりが過剰に良くなりすぎて，式の妥当性を正当に評価できない原因になってしまいます．では，多重共線性が見られる場合，どのようにすれば良いのでしょうか．多重共線性が見られる場合は，互いに高相関である説明変数のうちの片方を除去する必要があります．

なお，今の場合は，「専有面積」と「リビングの面積」に強い相関が見られる場合を想定しましたが，このように強い相関がある説明変数が複数ある場合，例えば，「専有面積」と「リビングの面積」の他に，「部屋数」という説明変数がある，などの場合はどうすれば良いでしょうか．

[*2] マルチコリニアリティ（multicollinearity）の略です．

このような場合も，基本的には，説明変数を 1 つに絞って分析することが一般的です．しかし，例えば説明変数が元々多くない場合など，説明変数をあまり減らしたくない場合，説明変数を 1 つずつ除外した分析を繰り返し，解消される組み合わせを探すのも手であり，説明変数を 1 つに絞らなくても多重共線性を解消できる場合もあります．

では，説明変数を 1 つに絞って分析するために，相関の見られる説明変数を外す場合，どの変数を外せば良いでしょうか．

これは主観に基づいて構いません．主観的な判断で，「残しておきたいほうの説明変数」を残しておいて問題ありません．ですので，重回帰分析を行う際に，説明しやすいために残しておきたい説明変数があれば，それに基づいて残しておけば大丈夫です．

以上のような注意点がありますので，回帰分析の際には，必ず，相関係数を確認する必要があることを意識して下さい．

7.5 分析ツールを使って重回帰分析を行う

それでは，これまでの内容を踏まえて，分析ツールを使って重回帰分析を行ってみましょう．なお，単回帰分析の場合も，説明変数が 1 つになるだけで，手順は，全く同じです．

7.5.1 分析の手順

手順 **1** 「物件 No」「家賃」「専有面積」「築年数」「最寄り駅までの徒歩時間」のデータを入力します．ここでは，「物件 No」は A 列，「家賃」は B 列，「専有面積」は C 列，「築年数」は D 列，「最寄り駅までの徒歩時間」は E 列の，それぞれ 2〜31 行に入力されているとします（図 7.6）．

手順 **2** 「データ」タブから「データ分析」を選びクリックします（図 7.7）．

手順 **3** 「データ分析」ウインドウで，「回帰分析」を選択し，「OK」を押します（図 7.8）．

手順 **4** 「回帰分析」ウインドウにて，「入力 Y 範囲」に目的変数の全データ（こ

	A	B	C	D	E
1	物件No	家賃	専有面積	築年数	徒歩時間
2	1	65000	35.53	1	9
3	2	50000	35.25	23	10
4	3	51000	30.03	10	18
5	4	46500	20.81	10	20
6	5	59000	31.35	13	3
7	6	50000	30	13	25
8	7	45000	30.24	14	11
9	8	37000	22.55	34	23
10	9	50000	36.45	11	9
11	10	50000	35.25	23	8
12	11	47500	20.81	10	12
13	12	39000	25.92	18	27
14	13	36000	27	21	26
15	14	46000	25.62	16	14
16	15	37000	24.5	59	21

図 7.6 「物件 No.」「家賃」「専有面積」「築年数」「最寄り駅までの徒歩時間」のデータ入力

図 7.7 「データ」タブの選択と「データ分析」のクリック

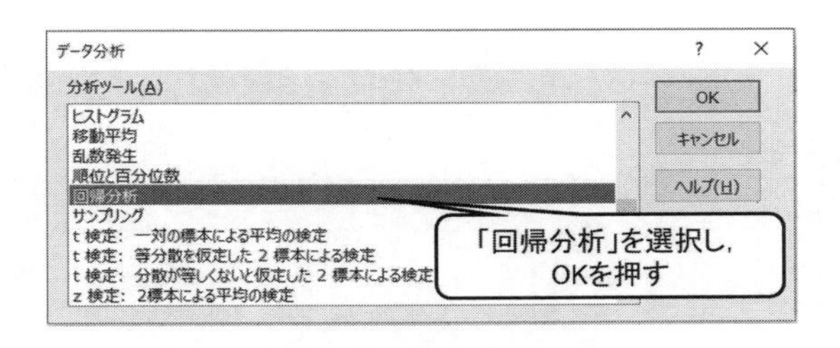

図 7.8 データ分析ウインドウ

こでは「家賃」が目的変数であり，そのデータは B2 セルから B31 セルに入っているとします）を選びます．「入力 X 範囲」に説明変数の全データ（ここでは，取り敢えず，「専有面積」「築年数」「最寄り駅までの徒歩時間」の全てを説明変数とします）を選びます．先に述べた通り，

「物件 No」は A 列,「家賃」は B 列,「専有面積」は C 列,「築年数」は D 列,「最寄り駅までの徒歩時間」は E 列の, それぞれ 2～31 行に入力されているとするので,「入力 Y 範囲」は, $B$2:$B$31,「入力 X 範囲」は, $C$2:$E$31 となります（図 7.9）.

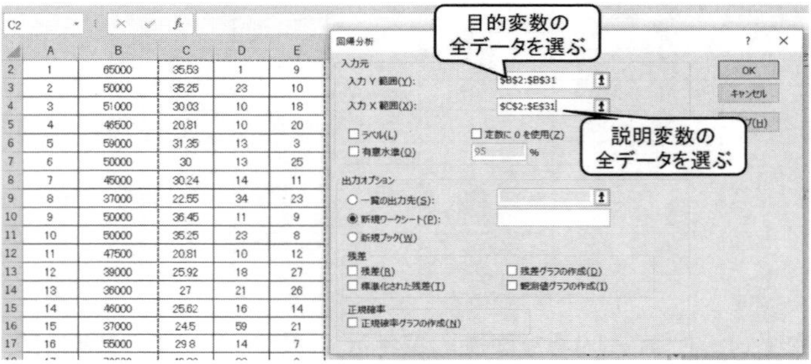

C2

	A	B	C	D	E
2	1	65000	35.53	1	9
3	2	50000	35.25	23	10
4	3	51000	30.03	10	18
5	4	46500	20.81	10	20
6	5	59000	31.35	13	3
7	6	50000	30	13	25
8	7	45000	30.24	14	11
9	8	37000	22.55	34	23
10	9	50000	36.45	11	9
11	10	50000	35.25	23	8
12	11	47500	20.81	10	12
13	12	39000	25.92	18	27
14	13	36000	27	21	26
15	14	46000	25.62	16	14
16	15	37000	24.5	59	21
17	16	55000	29.8	14	7

回帰分析
入力元
入力 Y 範囲(Y):　$B$2:$B$31
入力 X 範囲(X):　$C$2:$E$31
□ ラベル(L)　□ 定数に 0 を使用(Z)
□ 有意水準(O)　95 %
出力オプション
○ 一覧の出力先(S):
◉ 新規ワークシート(P):
○ 新規ブック(W)
残差
□ 残差(R)　□ 残差グラフの作成(D)
□ 標準化された残差(T)　□ 観測値グラフの作成(I)
正規確率
□ 正規確率グラフの作成(N)
OK
キャンセル
目的変数の全データを選ぶ
説明変数の全データを選ぶ

図 7.9 「回帰分析」ウインドウ

手順 5 他は何もせずに,「OK」をクリックします.

手順 6 新しいシートに, 次のような「概要」が表示されます（図 7.10）. これが回帰分析の結果です.

	A	B	C	D	E	F	G	H	I
1	概要								
2									
3	回帰統計								
4	重相関 R	0.8724189							
5	重決定 R2	0.7611147							
6	補正 R2	0.733551							
7	標準誤差	4733.9167							
8	観測数	30							
9									
10	分散分析表								
11		自由度	変動	分散	観測された分散比	有意 F			
12	回帰	3	1856415844	618805281.3	27.61294858	3.045E-08			
13	残差	26	582659156	22409967.54					
14	合計	29	2439075000						
15									
16		係数	標準誤差	t	P-値	下限 95%	上限 95%	下限 95.0%	上限 95.0%
17	切片	40852.884	6518.06367	6.267641213	1.23892E-06	27454.813	54250.956	27454.8127	54250.956
18	X 値 1	643.82729	172.228134	3.738223686	0.000921811	289.80729	997.84729	289.807291	997.84729
19	X 値 2	−213.4738	77.0551479	−2.7704024	0.010198124	−371.8629	−55.08464	−371.86289	−55.08464
20	X 値 3	−506.8188	143.016303	−3.54378318	0.001517408	−800.793	−212.8445	−800.79299	−212.8445

図 7.10 回帰分析の結果が書かれたシート

7.5.2　確認すべきポイント

さて，この「概要」に基づいて，重回帰分析の結果を考察し，得られた式がきちんと使えるものになっているか確認してみましょう．回帰式それ自体はどんなデータを扱っても，算出するだけであれば，〉手順〉1〜6 を踏めば，必ず算出されます．しかし，得られた回帰式がデータをしっかりと反映し，説明しているか，という「精度」を評価することは別問題です．仮に回帰式の精度が低ければ，回帰式を得ることはできたものの，使い物になりません．

着眼点は次の 2 点です．

1. 得られた回帰式がどのような式であるかを把握する
2. 回帰式の精度を確認する

順番に検証していきます．

1. 得られた回帰式がどのような式であるかを把握する

得られた「概要」で，「係数」の箇所を見ます．「切片」「X 値 1」「X 値 2」「X 値 3」が回帰式の係数です．この結果では，回帰式は次のように表されます．

X 値 1〜X 値 3 は，〉手順〉4 において，「入力 X 範囲」で選んだ独立係数の列のアルファベット順に対応しています．したがって，この場合，X 値 1 は「専有面積」，X 値 2 は「築年数」，X 値 3 は「最寄り駅までの徒歩の時間」の係数となります．このことから，回帰式は，図 7.11 のようになります．

目的変数 = 643.82729 × (X値1) − 213.4738 × (X値2) − 506.8188 × (X値3) + 40852.884

（643.82729：X値1係数，213.4738：X値2係数，506.8188：X値3係数）

図 **7.11**　得られた回帰式

X 値 1 は「専有面積」，X 値 2 は「築年数」，X 値 3 は「最寄り駅までの徒歩の時間」の係数であるので，得られた式を，日本語を織り交ぜて表現すると，

$$
\begin{aligned}
(\text{家賃}) &= 643.82729 \cdot (\text{専有面積}) - 213.4738 \cdot (\text{築年数}) \\
&\quad - 506.8188 \cdot (\text{最寄り駅までの徒歩時間}) + 40852.884
\end{aligned}
\tag{7.6}
$$

と表現されます．

再度確認してみましょう．式 (7.6) より，次のことがわかります．

- 専有面積が 1〔m^2〕増加すると，家賃は約 644〔円〕高くなる．
- 築年数が 1〔年〕増加すると，家賃は約 213〔円〕安くなる．
- 最寄り駅までの徒歩時間が 1〔分〕増加すると，家賃は約 507〔円〕安くなる．
- 「築年数」と「最寄り駅までの徒歩時間」は共に家賃が安くなる要因であるが，最寄り駅までの徒歩時間の方が家賃への影響が大きい．
- 3 つの説明変数の中では，「専有面積」の大きさが，最も「家賃」に影響している．
- 「専有面積」が増せば「家賃」が高くなり，古い物件や，駅から離れている物件は家賃が安くなることは，現実の状況と合致している．

3 つの説明変数はどれもスケールがほぼ等しいとみなせるので，説明変数の係数が目的変数に与える影響は同等と考えて差し支えありません．

なお，重回帰分析の結果が，現実的な状況に即しているかを確認することも重要です．例えば，「専有面積が減少すれば家賃が増す」ということは，現実的にはあり得ない話です．このように，現実の状況と全く異なる結果が得られたとすれば，データを間違えているか，解析のやり方を間違えているかのどちらかの可能性を疑うべきでしょう．

2. 回帰式の精度を確認する

回帰式の精度を確認するために，概要シートを精査します．一般的には，精度を確認するときには，「決定係数」と，その補正値である「自由度修正済決定係数」，「P 値」，「t 値」の 4 項目を検証します．これらの項目は，「概要」シート内では，「重決定 R2」と「補正 R2」，「P-値」，「t」に該当します．

1 重決定 R2 と補正 R2

重決定 R2 は決定係数と同じです．決定係数とは，得られた回帰式が，実際のデータをどれだけ良く説明しているか，実際のデータにどれだけ当てはまっているか，を表す指標であり，0 以上 1 以下の値をとります．決定係数はデータ数が少ないと大きくなるので，このことを考慮して補正する必要があります．そのため，一般的には補正 R2 を使います．例えば，補正 R2 が 0.5 以下であれば，元々のデータについて回帰式が半分程度の説明しかできていないという意味になります．

さて，今回の場合，「概要」に示されている「補正 R2」の値を見ると，0.733551 となっています．つまり，「得られた回帰式は，元のデータの約 73.36%が説明できている」ということになります．

2 P-値

P-値が小さいほど，その変数の影響は大きく，回帰式から外すことができないことを意味しています．「仮にこの変数が無かった場合に，得られた回帰式が成り立つ可能性はどの程度か」とも言えます．逆に，P-値が大きい場合は，この変数は回帰式に影響を及ぼしておらず，外しても差し支えない，ということを意味しています．一般的に P-値は 0.05 を閾値として考えて良いので，P-値が 0.05 以上の説明変数は，その説明変数に該当するデータを外して，再度回帰式を求める必要があります．

このとき，「外しても差し支えないのであれば，別に外さなくても良いではないか」と思うかも知れません．しかし，目的変数を説明するための説明変数が少なければ少ないほど，式がシンプルになって，わかりやすくなります．同じ目的変数を説明するために，「○○を推定するには，××と，△△と，□□と ... のデータが必要です．」というより，「○○を推定するには，××と△△のデータだけあれば大丈夫です」という方が，シンプルでわかりやすいですよね．ですので，外しても差し支えない説明変数は外したほうが良いのです．

3 t（値）

係数を標準誤差で割った値です．（重）回帰分析をすると係数が得られますが，実際には係数にはブレがあります．このブレが標準誤差で，あまりにブレが大きいと係数自体の信頼度が低下します．したがって，係数を標準誤差で割り，t 値という値を出しています．一般的には t 値の絶対値が 1.96 以上であれば，P-値のときと同様に，その変数の影響は大きく，回帰式から外すことができない，ということになります．逆に，t 値の絶対値が 1.96 未満であれば，この変数は回帰式に影響を及ぼしていないので外しても差し支えない，という意味になります．t（値）

については,「切片」以外の, それぞれの「X 値」の箇所を見ます.

なお. P-値と t（値）はどちらかを見れば十分ですが, ここでは念のために両方見ておきましょう.

以上を踏まえて, 得られた「概要」を確認しましょう.

1 重決定 R2 と補正 R2

補正 R2 は 0.733551 となっており, 得られた回帰式は, 元のデータの約 73.36% が説明できているということを意味しています.

2 P-値

P-値については「切片」以外,「X 値」の箇所を見ます. ここでは「X 値 1」「X 値 2」「X 値 3」を見ましょう.「概要」に示されている P-値を見ると,「X 値 1」は 0.0000921811,「X 値 2」は 0.010198124,「X 値 3」は 0.001517408 で, 全て 0.05 より小さいので,「X 値 1」「X 値 2」「X 値 3」が回帰式に及ぼす影響は大きく, どの独立変数も外すことができないと解釈できます.

3 t（値）

t（値）についても「切片」以外,「X 値」の箇所を見ます. ここでは「X 値 1」「X 値 2」「X 値 3」を見ましょう.「概要」に示されている t（値）を見ると,「X 値 1」は 3.738223686,「X 値 2」は −2.7704024,「X 値 3」は −3.54378318 で, 全て絶対値が 1.96 より大きいので, これらの係数の信頼度は高いと言えます.

■ 第7章のまとめ

- ある変数を用いて，別の変数を表す一次関数の式を求めることを，単回帰分析という．
- 説明したい変数のことを目的変数といい，目的変数を説明するために用いる変数を説明変数という．
- 複数の変数（説明変数）を用いて，別の変数（目的変数）を表す一次式を求めることを，重回帰分析という．
- 回帰分析では，式を求めるだけでなく，係数や切片の値が何を意味しているのかも吟味する必要がある．
- 回帰分析では多重共線性（マルチコ）に注意する必要がある．そのために，必ず，相関係数を確認する必要がある．
- 回帰分析を行う場合，「得られた回帰式がどのような式であるかを把握する」ことと，「回帰式の精度を確認する」ことがポイントである．
- 回帰分析の結果が得られたとしても，結果が，現実的な状況に即した式になっているかを確認する必要がある．

■ 第7章の練習問題

問 1 あるレストランでは，店長が，7 月のある 2 週間のビールの売上を記録している．この店長はマメで，一緒に，記録した日の最高気温も記録していた．その結果，記録した日の最高気温とビールの売上は表 7.3 に示す通りであった．次の問いに答えよ．

(1) 気温と売上の相関係数を求めよ．

(2) 気温を説明変数にした回帰式を求めよ．

(3) (2) で求めた回帰式を基に，店長は，とある日の最高気温から，その日のビールの売上を予測したいと考えた．この日の最高気温は 25.5〔°C〕であったとすると，この日のビールの売上はいくら位と予測できるか．

表 7.3 記録した日の最高気温とビールの売上（問 **1**）

気温〔°C〕	売上〔円〕
20.2	105,000
21.6	134,000
22.2	119,000
24.0	130,500
25.8	140,000
26.1	160,500
26.8	155,000
27.4	152,000
28.0	185,000
28.8	176,500
29.0	188,500
29.3	170,000
30.2	193,000
31.1	198,000

問 2 表 7.4 のデータは，平成 25 年度の 1 月から 12 月における東京の平均気温（単位：°C）とビールの課税移出（取引）数量（単位：KL）を示したものである．なお，ビールの課税移出（取引）数量は，国産ビールと輸入ビー

ルを合算した値である．次の問いに答えよ[*3]．

(1) **1 月から 12 月までのデータ全てを用いて，課税移出（取引）数量から気温を説明する回帰式を求めよ．**

(2) 散布図を見ると，12 月のデータのみ外れ値として考える必要がある．なぜ 12 月のデータが外れ値となってしまったか，考察せよ．

(3) 外れ値を除去した上で，課税移出（取引）数量から気温を説明する回帰式を求めよ．

表 7.4　平成 25 年度の 1 月から 12 月における東京の平均気温（単位：°C）とビールの課税移出（取引）数量（単位：kL）（問 2）

月	平均気温〔°C〕	課税移出（取引）数量〔kL〕
1 月	5.5	129,152
2 月	6.2	167,694
3 月	12.1	202,965
4 月	15.2	228,356
5 月	19.8	224,145
6 月	22.9	263,399
7 月	27.3	302,885
8 月	29.2	262,091
9 月	25.2	198,010
10 月	19.8	225,963
11 月	13.5	222,533
12 月	8.3	316,087

問 3 表 7.5 は，あるメーカーの冷蔵庫 30 種類について，インターネットの安売り店舗検索サイトに基づく，2019 年 1 月 19 日における最安値（価格）と，カタログスペック（定格内容積，冷蔵室容積，50 Hz 周波数帯域における年間電気代）を示したものである．次の問いに答えよ[*4]．

(1) **「価格」を目的変数，「定格内容積」「冷蔵室容積」「年間電気代」全て**

[*3] データの出典：ビール酒造組合ホームページ：データファイル `http://www.brewers.or.jp/data/doko-list.html`（2019 年 1 月 17 日参照）および気象庁ホームページ：各種データ資料 `http://www.jma.go.jp/jma/menu/menureport.html`（2019 年 1 月 17 日参照）

[*4] データの出典：価格ドットコムホームページ `http://www.kakaku.com/`（2019 年 1 月 17 日参照）

を説明変数として，価格を表す回帰式を求めよ．また，回帰式の妥当性を判定せよ．

(2)「価格」「定格内容積」「冷蔵室容積」「年間電気代」それぞれの変数の相関係数を求めよ．

(3) (1) および (2) の結果を踏まえて，「価格」を目的変数とした，妥当な回帰式を検討せよ．また，得られた回帰式の妥当性を判定せよ．

表 **7.5** **2019** 年 **1** 月 **19** 日における最安値（価格）およびカタログスペック（問 **3**）

価格〔円〕	定格内容積〔L〕	冷蔵室容積〔L〕	年間電気代〔円〕
214,800	550	283	7,398
124,800	406	199	7,803
306,000	650	335	7,803
88,000	315	194	8,991
199,800	500	258	6,993
181,800	501	257	7,560
32,800	138	94	8,046
222,600	550	283	7,182
43,700	168	124	8,316
118,519	451	232	10,530
139,999	501	257	7,560
159,800	500	258	7,398
99,000	365	209	9,315
262,000	600	310	7,641
207,300	450	208	6,723
134,000	451	232	10,530
172,800	550	283	7,533
120,000	365	212	9,315
53,782	168	124	8,316
167,400	450	208	6,993
202,000	450	230	7,101
114,800	315	194	8,991
261,000	600	310	7,371
172,300	406	199	7,803
179,800	505	283	8,505
176,300	406	199	7,803
209,876	665	339	8,910
132,800	501	257	10,476
100,570	365	209	9,315
145,000	470	226	8,505

第8章 補　遺

8.1 数学的説明

本文中で取り上げた内容について，数学的な説明を記載します．本文の内容に対してもう少し踏み込んだ，細かい説明が欲しい！という方は，必要に応じて読んで頂ければ理解が深まるかと思います．

8.2 分析ツールのセットアップ

8.3 練習問題の解答と解説

8.1 数学的説明

8.1.1 第 1 章に関連した内容

N 個のデータがあり，データがそれぞれ $x_1, x_2, ..., x_N$ であったとします．

1 和の記号 $\sum$ の定義と性質

次のような計算を考えます．

$$x_1 + x_2 + \cdots + x_n$$

このような式を一々書くのは大変面倒です．そこで，和の記号 $\sum$（シグマ）を使うことで，次のように簡単に書くことができます．

$$\sum_{i=1}^{N} x_i = x_1 + x_2 + \cdots + x_n \tag{8.1}$$

この $\sum$ 記号の上下にある $i = 1$ と N，それから，$\sum$ 記号の次の x_i を合わせて，$\sum_{i=1}^{N} x_i$ 全体で，「x_i の i の部分を 1 から n まで変えたものを，それぞれ全て足す」ということを意味します．

$\sum$ 記号の性質として，次のようなものが挙げられます．

$$\sum_{i=1}^{n}(a_i + b_i) = \sum_{i=1}^{n} a_i + \sum_{i=1}^{n} b_i$$

$$\sum_{i=1}^{n} ca_i = c\sum_{i=1}^{n} a_i$$

ここで，c は i とは関係ない定数です．それから，よく使うであろう性質として，

$$\sum_{i=1}^{n} 1 = N$$

があります．これは，書き下してみれば理解できますが，$\sum_{i=1}^{n} 1$ は，1 を N 個足し合わせているという意味ですので，結局，$1 \cdot N = N$ になる，というわけです．

2 平均

平均 ($\bar{x}$) の定義式は次の通り，データの総和をデータ数 (N) で割ったものになります．

$$\bar{x} = \frac{x_1 + x_2 + \ldots + x_N}{N} = \frac{\sum_{i=1}^{N} x_i}{N} = \frac{1}{N}\sum_{i=1}^{N} x_i \tag{8.2}$$

3 分散

分散 (σ^2) の定義式は次の通りです．

$$\begin{aligned}\sigma^2 &= \frac{(x_1 - \bar{x})^2 + (x_2 - \bar{x})^2 + \cdots + (x_N - \bar{x})^2}{N} \\ &= \frac{\sum_{i=1}^{N}(x_i - \bar{x})^2}{N} = \frac{1}{N}\sum_{i=1}^{N}(x_i - \bar{x})^2 \end{aligned}\tag{8.3}$$

この式で出てきた，$x_i - \bar{x}$，つまり，それぞれのデータと平均値の差のことを偏差と言います．なお，この分散の定義式を次のように変形すると，分散は「二乗平均と平均の二乗の差」で表すことができる，ということが示せます．

$$\begin{aligned}\sigma^2 &= \frac{1}{N}\sum_{i=1}^{N}(x_i - \bar{x})^2 = \frac{1}{N}\sum_{i=1}^{N}(x_i^2 - 2x_i\bar{x} + \bar{x}^2) \\ &= \frac{1}{N}\sum_{i=1}^{N} x_i^2 - 2\bar{x}\frac{1}{N}\sum_{i=1}^{N} x_i + \frac{1}{N}\cdot N\bar{x}^2 \end{aligned}\tag{8.4}$$

ここで，式 (8.4) の第 2 項に注目すると，$\frac{1}{N}\sum_{i=1}^{N} x_i = \bar{x}$ ですから，

$$\bar{x}\frac{1}{N}\sum_{i=1}^{N} x_i = \bar{x}\bar{x} = \bar{x}^2 \tag{8.5}$$

となるので，これを踏まえると，

$$\begin{aligned}\text{（式 (8.4) の続き）} &= \frac{1}{N}\sum_{i=1}^{N} x_i^2 - 2\bar{x}^2 + \bar{x}^2 \\ &= \frac{1}{N}\sum_{i=1}^{N} x_i^2 - \bar{x}^2 \end{aligned}\tag{8.6}$$

となります．式 (8.6) の第1項は二乗平均，第2項は平均の二乗ですから，結局，分散 σ^2 は，二乗平均と平均の二乗の差で表すことができたわけです．

4 平方根

「x の平方根」とは，「2乗すると x になる数」のことを指します．

例えば，$2 \times 2 = 4$ なので，4の平方根は2になりますし，$3 \times 3 = 9$ なので，9の平方根は3になります．このとき，平方根を表す記号を $\sqrt{\ }$ （ルート）と書くと，「4の平方根」は $\sqrt{4}$，「9の平方根」は $\sqrt{9}$ と表せます．したがって，「4の平方根は2である」ことは，$\sqrt{4} = 2$，「9の平方根は3である」ことは，$\sqrt{9} = 3$ と書きます．

では，例えば，「5の平方根」はどう書くでしょうか．「2乗すると5になる数」はありそうですが，簡単には求められません（実際には $2.2360679\cdots$ となります）．そこで，このように，「簡単に求められない」場合は，「5の平方根は $\sqrt{5}$」のように書くことにし，具体的な値を求めずに $\sqrt{\ }$ 記号のまま用います．

平方根には次のような公式があります．ここで，a, b, k は正の実数です．

(1)　$\sqrt{a}\sqrt{b} = \sqrt{ab}$

(2)　$\frac{\sqrt{a}}{\sqrt{b}} = \sqrt{\frac{a}{b}}$

(3)　$\sqrt{k^2 a} = k\sqrt{a}$

なお，実際には，$(-2) \times (-2) = 4$ でもあるように，4の平方根は ± 2 です．つまり，負の数についても考えなければなりませんが，本書では，正の数のみ扱うことにします．

5 中央値

本文で述べたように，中央値 Q は，データ数 N が奇数か偶数かによって変わります．もともとあるデータを小さい順に並べ替えたできたデータが $x_1, x_2, \cdots, x_N$ と表される場合を考えます．

N が奇数である場合は，

$$Q = x_{\frac{N+1}{2}} \tag{8.7}$$

となり，逆に，N が偶数である場合は，

$$Q = \frac{1}{2}(x_{\frac{N}{2}} + x_{\frac{N}{2}+1}) \tag{8.8}$$

として表すことができます.

8.1.2 第5章に関連した内容

1 F検定について

2標本の分散が等しいこと，つまり「等分散」であることをを示すための検定として，F検定があります．正規分布の場合は，2標本の分散が等しくなければ，第5章で説明した t 検定は使えず，ウェルチ (welch) の t 検定を使うことになります．なお，ウェルチの t 検定については，本書では説明しませんので，必要に応じて参考書などでご確認下さい.

F検定における帰無仮説と対立仮説は次のようになります.

帰無仮説 H_0　2標本間の分散に差が無い，つまり等分散である
対立仮説 H_1　2標本間の分散に差がある，つまり等分散でない

これを踏まえて，次の流れで検定を行います.

(1) F値を求める
まず，標本1および標本2の不偏分散 s_1^2，s_2^2 を求める．但し，$s_1^2 > s_2^2$ であるとする．求めたら，次の式によってF値を出す.

$$F = \frac{s_1^2}{s_2^2} \tag{8.9}$$

(2) 標本1のサンプル数を N_1，標本2のサンプル数を N_2 とする．このとき，分子および分母の自由度は，分子の自由度 $df_1 = N_1 - 1$，分母の自由度 $df_2 = N_2 - 1$ となる．したがって，自由度 (df_1, df_2) のF分布に従う．この自由度を基にして，F分布表から F_α を求める．ここでは有意水準 $\alpha = 0.05$ ととする．なお，F分布表は表8.1のようなものである.

表 8.1 F 分布表 ($\alpha = 0.05$)

$f_2 \diagdown f_1$	1	2	3	4	5	6	7	8	9	10	12	15	20	24	30	40	60	120	∞
1	161.4	199.5	215.7	224.6	230.2	234	236.8	238.9	240.5	241.9	243.9	245.9	248.0	249.1	250.1	251.1	252.2	253.3	254.3
2	18.51	19.00	19.16	19.25	19.30	19.33	19.35	19.37	19.38	19.40	19.41	19.43	19.45	19.45	19.46	19.47	19.48	19.49	19.50
3	10.13	9.55	9.28	9.12	9.01	8.94	8.89	8.85	8.81	8.79	8.74	8.70	8.66	8.64	8.62	8.59	8.57	8.55	8.53
4	7.71	6.94	6.59	6.39	6.26	6.16	6.09	6.04	6.00	5.96	5.91	5.86	5.80	5.77	5.75	5.72	5.69	5.66	5.63
5	6.61	5.79	5.41	5.19	5.05	4.95	4.88	4.82	4.77	4.74	4.68	4.62	4.56	4.53	4.50	4.46	4.43	4.40	4.37
6	5.99	5.14	4.76	4.53	4.39	4.28	4.21	4.15	4.10	4.06	4.00	3.94	3.87	3.84	3.81	3.77	3.74	3.70	3.67
7	5.59	4.74	4.35	4.12	3.97	3.87	3.79	3.73	3.68	3.64	3.57	3.51	3.44	3.41	3.38	3.34	3.30	3.27	3.23
8	5.32	4.46	4.07	3.84	3.69	3.58	3.50	3.44	3.39	3.35	3.28	3.22	3.15	3.12	3.08	3.04	3.01	2.97	2.93
9	5.12	4.26	3.86	3.63	3.48	3.37	3.29	3.23	3.18	3.14	3.07	3.01	2.94	2.90	2.86	2.83	2.79	2.75	2.71
10	4.96	4.10	3.71	3.48	3.33	3.22	3.14	3.07	3.02	2.98	2.91	2.85	2.77	2.74	2.70	2.66	2.62	2.58	2.54
11	4.84	3.98	3.59	3.36	3.20	3.09	3.01	2.95	2.90	2.85	2.79	2.72	2.65	2.61	2.57	2.53	2.49	2.45	2.40
12	4.75	3.89	3.49	3.26	3.11	3.00	2.91	2.85	2.80	2.75	2.69	2.62	2.54	2.51	2.47	2.43	2.38	2.34	2.30
13	4.67	3.81	3.41	3.18	3.03	2.92	2.83	2.77	2.71	2.67	2.60	2.53	2.46	2.42	2.38	2.34	2.30	2.25	2.21
14	4.60	3.74	3.34	3.11	2.96	2.85	2.76	2.70	2.65	2.60	2.53	2.46	2.39	2.35	2.31	2.27	2.22	2.18	2.13
15	4.54	3.68	3.29	3.06	2.90	2.79	2.71	2.64	2.59	2.54	2.48	2.40	2.33	2.29	2.25	2.20	2.16	2.11	2.07

(3) $1 \leqq \mathrm{F} \leqq \mathrm{F}_\alpha$ のとき，$p > 0.05$ となる．つまり，帰無仮説を棄却できないため，2 標本の分散は等しいと言える．
$\mathrm{F} > \mathrm{F}_\alpha$ のとき，$p < 0.05$ となる．つまり，帰無仮説は棄却されるため，2 標本の分散は等しいということは言えない．

8.1.3 第 6 章に関連した内容

1 相関係数

相関係数を求めるには，第 2 章で説明した平均，分散，標準偏差の他に，共分散という考え方も必要になります．共分散は，2 種類のデータの関係を表す指標であり，2 つの変数の偏差の積の平均を計算することで求められます．互いに対応している N 個のデータ A，データ B があり，データはそれぞれ $(x_1, y_1), (x_2, y_2), \ldots, (x_N, y_N)$ であったとします．このとき，共分散 s_{xy} は，次の式で求めることができます．

$$s_{xy} = \frac{1}{N}\sum_{i=1}^{N}(x_i - \bar{x})(y_i - \bar{y}) \tag{8.10}$$

この共分散という指標は，2 種類のデータの関係を示す指標です．共分散を用いると，相関係数 r を求める式 (6.1) は，次のようになります．

$$r = \frac{s_{xy}}{s_{xx}s_{yy}} = \frac{\frac{1}{N}\sum_{i=1}^{N}(x_i - \bar{x})(y_i - \bar{y})}{\sqrt{\frac{1}{N}\sum_{i=1}^{N}(x_i - \bar{x})^2}\sqrt{\frac{1}{N}\sum_{i=1}^{N}(y_i - \bar{y})^2}} \tag{8.11}$$

なお，データが -1 から 1 の間に収まることについては，コーシー・シュワルツの不等式，

$$\left(\sum_{i=1}^{N} a_i^2\right)\left(\sum_{i=1}^{N} b_i^2\right) \geqq \left(\sum_{i=1}^{N} a_i b_i\right)^2 \tag{8.12}$$

より証明します．コーシー・シュワルツの不等式において，a_i に，$x_i - \bar{x}$ を，b_i に，$y_i - \bar{y}$ を代入すると，

$$\left\{\sum_{i=1}^{N}(x_i - \bar{x})^2\right\}\left\{\sum_{i=1}^{N}(y_i - \bar{y})^2\right\} \geqq \left\{\sum_{i=1}^{N}(x_i - \bar{x})(y_i - \bar{y})\right\}^2 \tag{8.13}$$

となります．左辺である $\left\{\sum_{i=1}^{N}(x_i-\bar{x})^2\right\}\left\{\sum_{i=1}^{N}(y_i-\bar{y})^2\right\}$ で両辺を割ると，

$$1 \geqq \frac{\left\{\sum_{i=1}^{N}(x_i-\bar{x})(y_i-\bar{y})\right\}^2}{\left\{\sum_{i=1}^{N}(x_i-\bar{x})^2\right\}\left\{\sum_{i=1}^{N}(y_i-\bar{y})^2\right\}} = r^2 \tag{8.14}$$

$$\left|\frac{\frac{1}{N}\sum_{i=1}^{N}(x_i-\bar{x})(y_i-\bar{y})}{\sqrt{\frac{1}{N}\sum_{i=1}^{N}(x_i-\bar{x})^2}\sqrt{\frac{1}{N}\sum_{i=1}^{N}(y_i-\bar{y})^2}}\right| \leqq 1 \tag{8.15}$$

となり，相関係数の絶対値が 1 以下であることが示されます．

ちなみに，コーシー・シュワルツの不等式において，等号成立条件は，すべての i において，$x_i-\bar{x}$ と $y_i-\bar{y}$ の比（k とします）が一定であることです．そのため，$x_i-\bar{x}:y_i-\bar{y}=1:k$ と置くと，$y_i=k(x_i+\bar{x})+\bar{y}$ となります．一方で，コーシー・シュワルツの不等式で等号が成立するということは，

$$\frac{\left\{\sum_{i=1}^{N}(x_i-\bar{x})(y_i-\bar{y})\right\}^2}{\left\{\sum_{i=1}^{N}(x_i-\bar{x})^2\right\}\left\{\sum_{i=1}^{N}(y_i-\bar{y})^2\right\}} = 1 = r^2 \tag{8.16}$$

となり，$r=\pm1$ が得られます．つまり，x_i と y_i の全ての点が同一直線上にあるとき，右上がりの直線であれば $r=1$ であり，逆に，右下がりの直線であれば $r=-1$ であることになります．

8.1.4 第 7 章に関連した内容

1 回帰分析の式の導出

ここでは簡単のために単回帰分析の式の導出について説明します．重回帰についても考え方は同様です．

N 個のデータ $(x_1, y_1), (x_2, y_2), ..., (x_N, y_N)$ があるとします．このとき，求める回帰式を $y = ax + b$ とします．それぞれのデータの x 座標 $x_1, x_2, ..., x_N$ を回帰式の x に代入すれば，回帰式上の y の値が得られます．つまり，それぞれのデータの x 座標 $x_1, x_2, ..., x_N$ の回帰式上の点は，$ax_1 + b, ax_2 + b, ..., ax_N + b$ となります．

さて，求める回帰式はどのような式が理想的かというと，回帰式が N 個のデータをよく表している場合です．つまり，N 個のデータと，回帰式のズレが少ない場合となります．そこで，N 個のデータについて，全ての x 座標に対する y 座標の値と，同じ x 座標における，回帰式上の y の値の差の二乗の総和を考えます．つまり，

$$D = \sum_{i=1}^{N} \{y_i - (ax_i + b)\}^2 \tag{8.17}$$

を考えます．いま，この式を変形します．

$$\begin{aligned} D &= \sum_{i=1}^{N} \{y_i - (ax_i + b)\}^2 = \sum_{i=1}^{N} \{y_i^2 - 2(ax_i + b)y_i + (ax_i + b)^2\} \\ &= \sum_{i=1}^{N} \{y_i^2 - 2(ax_i + b)y_i + ax_i^2 + 2ax_i + b^2\} \\ &= \sum_{i=1}^{N} y_i^2 - 2a \sum_{i=1}^{N} x_i y_i - 2b \sum_{i=1}^{N} y_i + a^2 \sum_{i=1}^{N} x_i^2 + 2ab \sum_{i=1}^{N} x_i + b^2 \sum_{i}^{N} 1 \end{aligned} \tag{8.18}$$

最後の式を，パラメータである a と b について偏微分します．例えば次の式で $\frac{\partial D}{\partial a}$ は，上の D について，b は定数として考えて，a だけ変数として考えて微分する，ということです．

$$\frac{\partial D}{\partial a} = -2 \sum_{i=1}^{N} x_i y_i + 2a \sum_{i=1}^{N} x_i^2 + 2b \sum_{i=1}^{N} x_i = 0 \tag{8.19}$$

$$\frac{\partial D}{\partial b} = -2 \sum_{i=1}^{N} y_i + 2a \sum_{i=1}^{N} x_i + 2b \sum_{i=1}^{N} 1 = 0 \tag{8.20}$$

それぞれの偏微分方程式の中辺と右辺より，

$$2a\sum_{i=1}^{N} x_i^2 + 2b\sum_{i=1}^{N} x_i = 2\sum_{i=1}^{N} x_i y_i \tag{8.21}$$

$$2a\sum_{i=1}^{N} x_i + 2b\sum_{i=1}^{N} 1 = 2\sum_{i=1}^{N} y_i \tag{8.22}$$

したがって，両辺を 2 で割ると

$$a\sum_{i=1}^{N} x_i^2 + b\sum_{i=1}^{N} x_i = \sum_{i=1}^{N} x_i y_i \tag{8.23}$$

$$a\sum_{i=1}^{N} x_i + b\sum_{i=1}^{N} 1 = \sum_{i=1}^{N} y_i \tag{8.24}$$

となります．いま，$\sum_{i=1}^{N} 1 = N$ であることに注意して，これを行列形式で表現すると，

$$\begin{bmatrix} \sum_{i=1}^{N} x_i^2 & \sum_{i=1}^{N} x_i \\ \sum_{i=1}^{N} x_i & N \end{bmatrix} \begin{bmatrix} a \\ b \end{bmatrix} = \begin{bmatrix} \sum_{i}^{N} x_i y_i \\ \sum_{i}^{N} y_i \end{bmatrix}$$

a と b の求め方としては色々な方法がありますが，ここでは，a と b を，クラメルの公式を用いて求めます．クラメルの公式とは，連立方程式，

$$Ax + By = e$$

$$Cx + Dy = f$$

つまり，

$$\begin{bmatrix} A & B \\ C & D \end{bmatrix} \begin{bmatrix} x \\ y \end{bmatrix} = \begin{bmatrix} e \\ f \end{bmatrix}$$

の解 (x, y) は，

$$D = \begin{vmatrix} A & B \\ C & D \end{vmatrix} = AD - BC$$

としたとき，D の 1 列目を $[e \quad f]^T$ で置き換えた，

$$\Delta_1 = \begin{vmatrix} e & B \\ f & D \end{vmatrix} = De - Bf$$

と，D の 2 列目を $[e \quad f]^T$ で置き換えた，

$$\Delta_2 = \begin{vmatrix} A & e \\ C & f \end{vmatrix} = Af - Ce$$

を用いると，

$$x = \frac{\Delta_1}{D} = \frac{De - Bf}{AD - BC}$$
$$y = \frac{\Delta_2}{D} = \frac{Af - Ce}{AD - BC}$$

で表される，という公式です．

いま，

$$D = \begin{vmatrix} \sum_{i=1}^{N} x_i^2 & \sum_{i=1}^{N} x_i \\ \sum_{i=1}^{N} x_i & N \end{vmatrix} = N\sum_{i=1}^{N} x_i^2 - (\sum_{i=1}^{N} x_i)^2$$

とし，次いで，

$$\Delta_1 = \begin{vmatrix} \sum_{i=1}^{N} x_i y_i & \sum_{i=1}^{N} x_i \\ \sum_{i=1}^{N} y_i & N \end{vmatrix} = N\sum_{i=1}^{N} x_i y_i - \sum_{i=1}^{N} x_i \sum_{i=1}^{N} y_i$$
$$\Delta_2 = \begin{vmatrix} \sum_{i=1}^{N} x_i^2 & \sum_{i=1}^{N} x_i y_i \\ \sum_{i=1}^{N} x_i & \sum_{i=1}^{N} y_i \end{vmatrix} = \sum_{i=1}^{N} x_i^2 \sum_{i=1}^{N} y_i - \sum_{i=1}^{N} x_i y_i \sum_{i=1}^{N} x_i$$

となるので，

$$a = \frac{\Delta_1}{\Delta} = \frac{N\sum_{i=1}^{N} x_i y_i - \sum_{i=1}^{N} x_i \sum_{i=1}^{N} y_i}{N\sum_{i=1}^{N} x_i^2 - (\sum_{i=1}^{N} x_i)^2} \tag{8.25}$$

$$b = \frac{\Delta_2}{\Delta} = \frac{\sum_{i=1}^{N} x_i^2 \sum_{i=1}^{N} y_i - \sum_{i=1}^{N} x_i y_i \sum_{i=1}^{N} x_i}{N\sum_{i=1}^{N} x_i^2 - (\sum_{i=1}^{N} x_i)^2} \tag{8.26}$$

として求められます．

8.2 》分析ツールのセットアップ

分析ツールは Microsoft Office Excel のアドインプログラムで，統計科学的分析や工学的分析を行う際の支援ツールとして活用できます．ただし，分析ツールを使

用するためにはセットアップが必要になります．なお，**Macintosh** 用の **Excel** では分析ツールは使用できないので，ご注意下さい．

手順 **1** 「ファイル」タブをクリックし，「オプション」をクリックします．
手順 **2** 「Excel のオプション」ウインドウになるので，画面左方の「管理」ボックス一覧から「アドイン」をクリックし，「設定」をクリックします．
手順 **3** 「ファイル」タブをクリックし，「オプション」をクリックします．

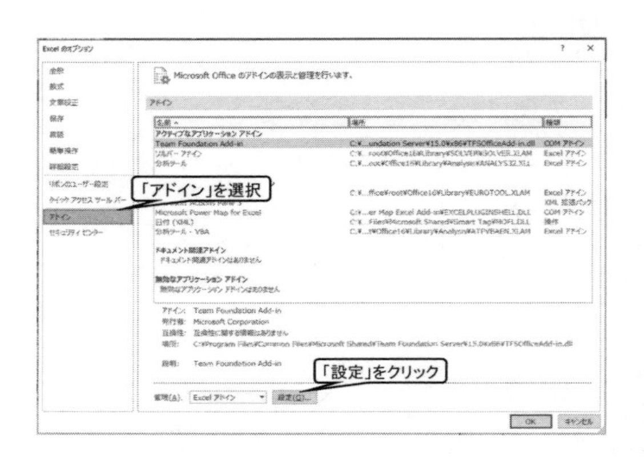

手順 **4** 「アドイン」ウインドウが出てくるので，「分析ツール」のチェックボックスをクリックし，チェックを入れます．「OK」を押してウインドウを閉じます．もし，「アドイン」ウインドウの「有効なアドイン」ボックスの一覧に「分析ツール」が表示されない場合は，「参照」をクリックしてアドインファイルを見つけます．また，分析ツールが現在コンピューターにインストールされていないというメッセージが表示された

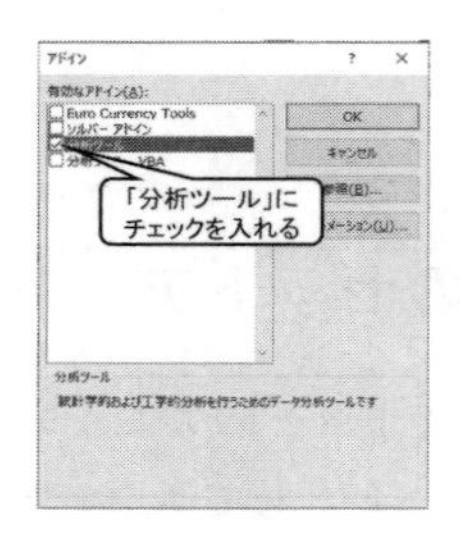

ら，「はい」をクリックして分析ツールをインストールします．

手順 5「データ」タブを選ぶと，「データ分析」が「分析」グループに表示されているので，「データ分析」をクリックします．

8.3 練習問題の解答と解説

8.3.1 第2章の解答と解説

問1 (1) 1が「極めて悪い」，5が「極めて良い」など，5段階評価で評価するアンケート手法を5点法と言います．このようなアンケートは順序には意味がありますが，間隔には意味が無いので，**順序尺度**と考えられます．

(2) 部屋の間取りは単に他の部屋と区別するだけで用いるものなので，**名義尺度**と考えられます．

(3) 値段は値の差に意味を持ちますし，0円という原点が存在する（0円は，お金が本当に「無い」ことを表す）ので，**比例尺度**と考えられます．

(4) 温度は値の差に意味を持ちますが，あくまで0°Cは相対的な意味しか持たない（0°Cとなっても温度という概念が無くなるわけではない）ので，**間隔尺度**と考えられます．

(5) 第2章の表2.2のようなデータです．テストの点は値の差に意味を持ちますが，あくまで0点は相対的な意味しか持たない（0点を取っても点数という概念が無くなるわけではない）ので，**間隔尺度**と考えられます．

(6) 第2章の表2.5のようなデータです．(3)と同じで，所得は値の差に意味を持ちますし，0円という原点が存在する（0円は，お金が本当に「無い」ことを表す）ので，**比例尺度**と考えられます．

問2「度数」とは，ある階級にあてはまるデータの個数です．したがって，「相対度数」とは，全部のデータの個数に対して，ある階級にあてはまるデータの個数の割合を表します．「累積度数」とは，最初の階級（この場合，「サイコロの目が1である度数の階級」）から，ある階級までの度数を加え合わせた値を表します．「累積相対度数」とは，最初の階級（この場合，「サイコロの目が1である度数の階級」）から，ある階級までの相対度数を加え合わせた値を表します．例えば，サイコロの目が1の階級について考えると，度数は15です．サイコロは100回投げられたので，相対度数は，$15/100 = 0.15$となります．

(1) 2.2節と同様に，全てのサイコロの目に対して，度数，相対度数，累積度数，累積相対度数を求め，表の空欄を埋めると，次のようになります．なお，当然ですが，相対度数を全部の階級について足し合わせた値（つまり，最後の階級における累積相対度数の値）は1になります．

サイコロの目	度数	相対度数	累積度数	累積相対度数
1	15	0.15	15	0.15
2	16	0.16	31	0.31
3	12	0.12	43	0.43
4	24	0.24	67	0.67
5	19	0.19	86	0.86
6	14	0.14	100	1.00

(2) 2.2節の手順通りにヒストグラムを書いてみましょう．ここでは手書きで書いても，問3のように，Excelを使っても構いません．

手順 **1** 階級の幅を決めます．ここでは，問題文に，「サイコロの目とそれぞれの目の出る度数についてヒストグラムを作れ」と指定があるので，サイコロの目1つずつを階級の幅とします．

手順 **2** 決められた階級の幅に応じて，階級を決めます．(1)で作成した表（表2.6）より，サイコロの，それぞれの目ごとの階級は求められています．

手順 **3** 得られたデータが，それぞれの階級にいくつ属するか，表にします．これも，(1) で表 2.6 を作成済です．

〉手順〉**4** 手順 3 で得られた表を元にして，ヒストグラムを作成します．横軸に階級，縦軸に度数を取り，ヒストグラムを作成します．表 2.6 より，横軸に「サイコロの目」，縦軸に「度数」を取り，ヒストグラムを作成すると，次のようになります．

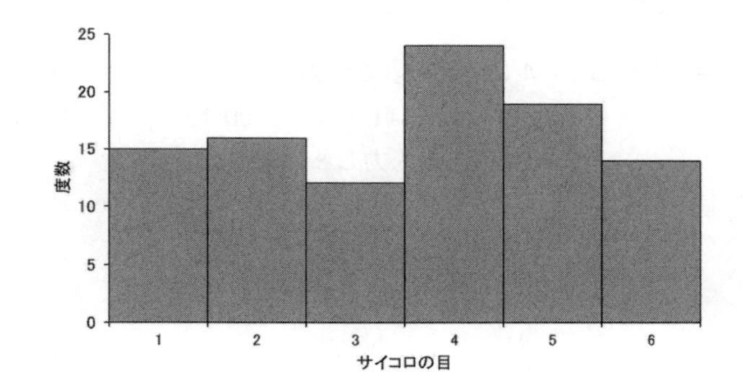

問 3 ヒストグラムを書く際の基本は，まずは度数分布表を作ることです．Excel を使えば，「分析ツール」ですぐに度数分布表もヒストグラムを作ることができます．しかし，まずは，自分で度数分布表を作ることからやってみましょう．そのあと，Excel の分析ツールを活用して，度数分布表を作ってみましょう．問 1，問 2 ともにヒストグラム自体は Excel で作りましょう．

	A
1	点数
2	51
3	36
4	81
5	99
6	87
7	86
8	17
9	78
10	71
11	35
12	42

まず，50人の点数を，A2セルからA51セルに入力しましょう．A1セルには「点数」と入れておきましょう．

(1) 「0点以上10点未満」「10点以上20点未満」···「90点以上100点以下」という階級にしましょう．この階級に属する人数をカウントするのですが，手計算でカウントするでも良いですが，大変です．Excelを使ってカウントしてみましょう．手順は次の通りです．

手順 1 B1セルに「階級」と入力し，B2セルに「0-10」，B3セルに「10-20」，···，B11セルに「90-100」と入力します．C1セルに「度数」と入力します．

	A	B	C
1	点数	階級	度数
2	51	0-10	
3	36	10-20	
4	81	20-30	
5	99	30-40	
6	87	40-50	
7	86	50-60	
8	17	60-70	
9	78	70-80	
10	71	80-90	
11	35	90-100	
12	42		
13	78		
14	27		
15	84		
16	25		

手順 2 C2セルに，次の式を入力します．

=COUNTIFS(A2:A51, “>=0”, A2:A51, “<10”)

C2	× ✓ fx	=COUNTIFS(A2:A51,">=0",A2:A51,"<10")

COUNTIF 関数は，指定した範囲に対し，該当する単一の条件に合致するセルの個数をカウントする関数です．条件が複数の場合は **COUNTIFS** 関数を使います．本問では，「A2 セルから A51 セル（50 人のデータが入力されている範囲）に対して，0 点以上 10 点未満となるセルの個数をカウントする」ことと考えて，上記のように入力しています．正しく入力されていれば，C2 セルに「2」と表示されるはずです．実際に，50 人のうち，0 点以上 10 点未満の人数は 2 人であることを，元データを見て確認して下さい．

	A	B	C
1	点数	階級	度数
2	51	0-10	2
3	36	10-20	
4	81	20-30	

同様に，C3 セルに，=COUNTIFS(A2:A51, “>=10”, A2:A51, “<20”)，C4 セルに，=COUNTIFS(A2:A51, “>=20”, A2:A51, “<30”)，…，C11 セルに，=COUNTIFS(A2:A51, “>=90”, A2:A51, “<=100”) と入力します（C11 セルだけ，90 点以上 100 点以下にしていることに注意して下さい）．正しく入力されていれば，次のように，C3 セルから C11 セルに数字が表示されているはずです．これで度数分布表が作成されました．

	A	B	C
1	点数	階級	度数
2	51	0-10	2
3	36	10-20	3
4	81	20-30	4
5	99	30-40	7
6	87	40-50	5
7	86	50-60	4
8	17	60-70	4
9	78	70-80	6
10	71	80-90	8
11	35	90-100	7

手順 3 C2 セルから C11 セルまでドラッグしてセルを選択した後，「挿入」タブを選び，「グラフ」グループ内の「2-D 縦棒」のうち「集合縦棒」を選びクリックします*1.

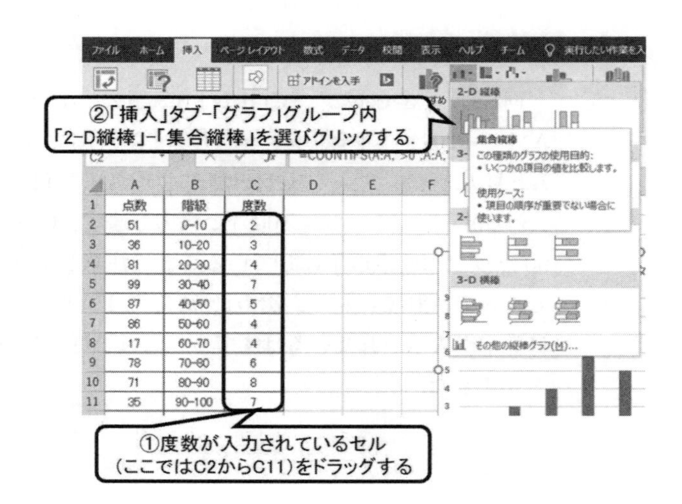

手順 4 ヒストグラム（グラフ）が作成されます.

*1「グラフ」グループ内の「統計グラフの挿入」のうち「ヒストグラム」からでも作ることができますが，度数分布表を作る所からやっていますので，本書では「2-D 縦棒」のうち「集合縦棒」をベースにヒストグラムを作っています.

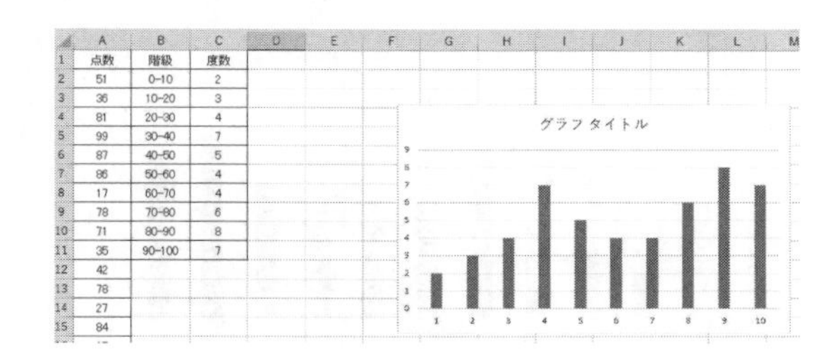

手順 5 生成されたヒストグラム（グラフ）をクリックした後，「デザイン」タブを選び，「グラフのレイアウト」グループ内の「クイックレイアウト」内，「レイアウト 9」を選びクリックします．グラフタイトル，x 軸ラベル，y 軸ラベル，凡例が追加されて表示されているはずです．

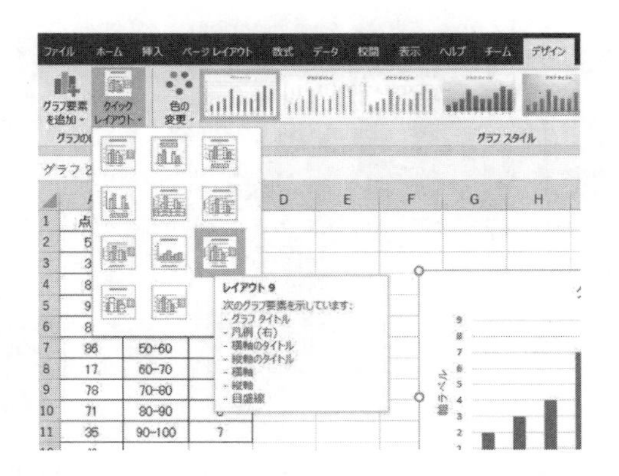

手順 6 グラフタイトルに「点数のヒストグラム」，x 軸ラベルに「点数」，y 軸ラベルに「人」と入力しましょう．また，いまは複数のデータを扱っているわけではないので，凡例は不要です．凡例の箇所をクリックし，DEL キー（Delete キー）を押して消してしまいましょう．これらの操作をした後のグラフは次のようになるはずです．

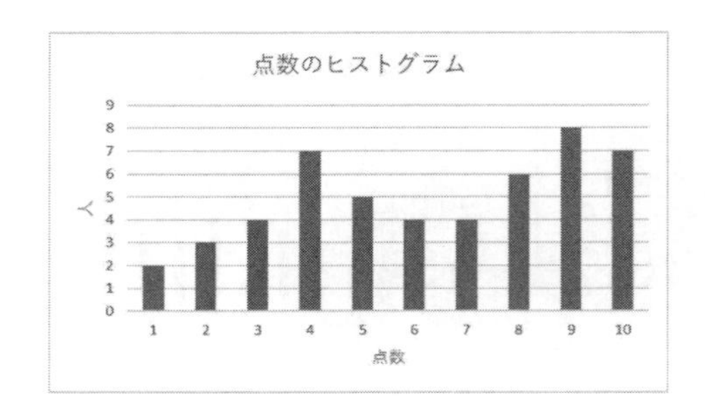

〉手順〉 **7** ヒストグラム（グラフ）の上で右クリックし，「データの選択」を選びます．すると，「データソースの選択」ウインドウが出現します．「横（項目）軸ラベル」の下にある「編集」をクリックします．「軸ラベル」ウインドウが出てきます．

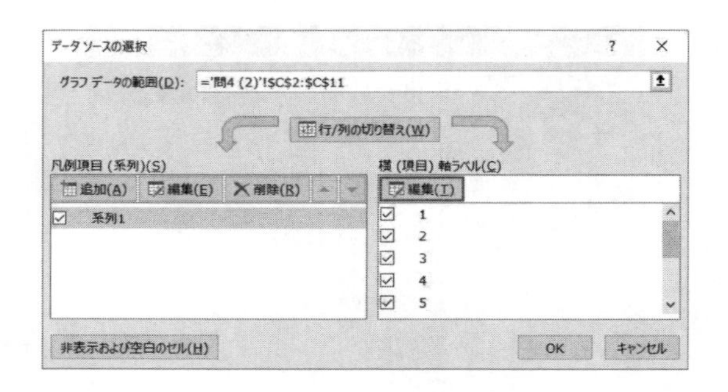

〉手順〉 **8** 「軸ラベル」ウインドウの「軸ラベルの範囲」に，階級が入っているセルを入力しましょう．ここでは，〉手順〉 1 にならって，階級名が B2 セルから B11 セルに入力されているとして，B2 セルから B11 セルをドラッグします．「軸ラベルの範囲」に，$B$2:$B$11 と入っていることを確認したら「OK」を押しましょう．再度「軸ラベル」ウインドウに戻りますが，ここでも「OK」を押しましょう．

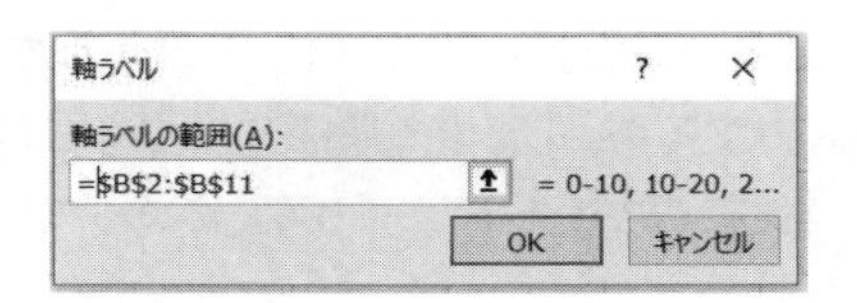

手順 **9** 得られた図は，まだ「棒グラフ」です．これを「ヒストグラム」に直す必要があります．棒の上でダブルクリックしましょう．

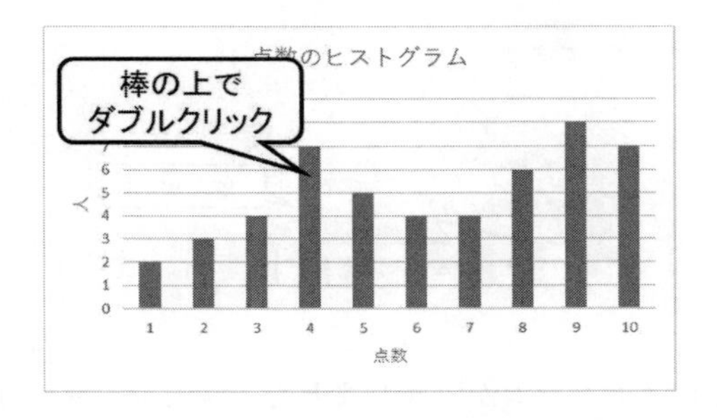

手順 **10** Excel の右側に「データ系列の書式設定」というウインドウが表示されます．

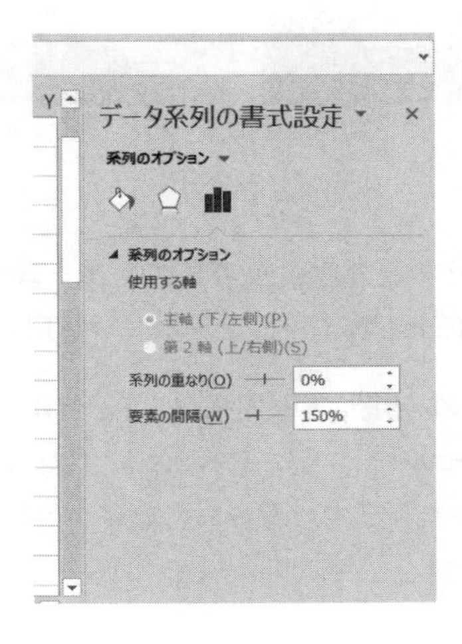

〉手順〉11「要素の間隔」の,「150%」と書かれている箇所に「0%」と入力するか,「要素の間隔」のすぐ右にあるスライドバーを一番左にスライドし,「0%」になっていることを確認して下さい.

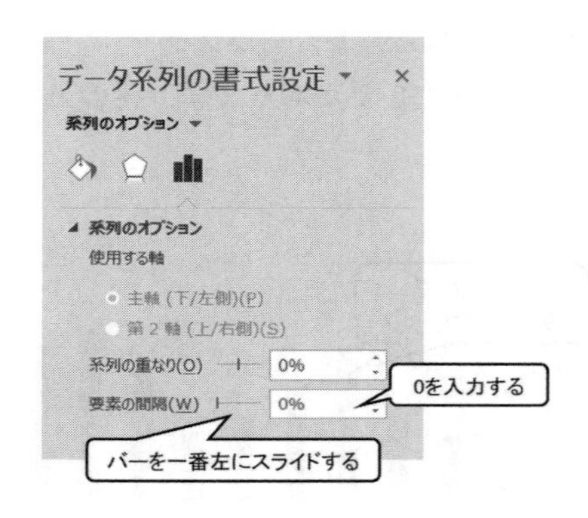

これでヒストグラムが完成しました.少し見やすくするために,棒に枠をつけるなどの工夫をしても良いでしょう.

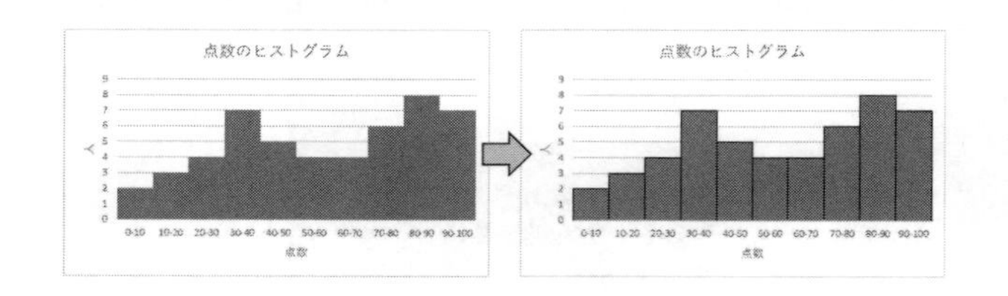

(2) (1) では度数分布表の作成からヒストグラムの作成まで自分自身で行いましたが,Excel の「分析ツール」を活用した方法も学びましょう.

〉手順〉1 (1) の〉手順〉1 と同様に,B1 セルに「階級」と入力した後,B2 セルに「10」,B3 セルに「20」,・・・,B11 セルに「100」と入力します.これらの値は,それぞれの階級の上限値になります.

	A	B
1	点数	階級
2	51	10
3	36	20
4	81	30
5	99	40
6	87	50
7	86	60
8	17	70
9	78	80
10	71	90
11	35	100

手順 **2** 「データ」タブの「分析」レイアウト内,「データ分析」をクリックして,分析ツールを起動させます.

手順 **3** 「データ分析」ウインドウの「分析ツール」から,「ヒストグラム」を選び,「OK」をクリックします.

手順 **4** 「ヒストグラム」ウインドウ内の「入力範囲」で,ヒストグラムを作成するのに用いるデータの範囲を指定します.ここでは,A2 セルから A51 セルにデータが入力されているとして,A2 セルから A51 セルまでドラッグして指定します.次に,「データ区間」で,どの階級でヒストグラムを区切るかを指定します.手順 1 で,B2 セルから B11 セルに階級の上限値を入力したので,この B2 セルから B11 セルまでドラッグして指定します.正しく入力されれば,図のように,「入力範囲」には,$A$2:$A$51 と,「データ区間」には,$B$2:$B$11 と入力されているはずです.正しく入力されていることを確

認したら，他の項目は操作せずに「OK」をクリックします．

	A	B
1	点数	階級
2	51	10
3	36	20
4	81	30
5	99	40
6	87	50
7	86	60
8	17	70
9	78	80
10	71	90
11	35	100
12	42	
13	78	
14	27	

ヒストグラム
入力元
入力範囲(I): $A$2:$A$51
データ区間(B): $B$2:$B$11
ラベル(L)
出力オプション
出力先(O):
新規ワークシート(P):
新規ブック(W)
パレート図(A)
累積度数分布の表示(M)
グラフ作成(C)
OK
キャンセル
ヘルプ(H)

〉手順〉**5** 新しいシートが作成され，「データ区間」と「頻度」という項目が出力されます．

	A	B
1	データ区間	頻度
2	10	2
3	20	3
4	30	4
5	40	7
6	50	5
7	60	4
8	70	4
9	80	6
10	90	8
11	100	7
12	次の級	0

ここまでは (1) の手順 1 と手順 2 の操作に該当します．この後は (1) の手順 3 以降にならってヒストグラム（グラフ）を作成するのですが，手順は同じですので，省略します．正しく作成されていれば，(1) と同じヒストグラム（グラフ）が作成されます．

(3) 作成されたヒストグラムを見ると，点数はまんべんなく分布しており，一桁台の点数の学生から，100 点近い高得点の学生まで幅広く存在していることがわかります．また，30 点-40 点の階級と，80 点-90 点の階級にピークがあることが見て取れ，多峰性のヒストグラムであることがわかります．30 点-40 点の階級付近の学生は，いわば「成績が芳しくない学生」の群であり，80 点-90 点の階級付近の学生は，いわば「成績優良学生」の群であると考えられます．このことから，成績の良い学生と悪い学生の差が顕著であるテストであると考えられます．

問 4「平均値」は，データの総和をデータ数で割ったもの，「分散」は，「データと平均の差の二乗をデータ数で割ったもの」，「標準偏差」は，「分散の平方根」であることを思い出しましょう．本問では，データ数は 7 です．

(1) 一日の最高気温の平均値 $= \frac{28+32+35+33+27+33+36}{7} = 32$〔°C〕
一日の最高気温の分散 $= \frac{(28-32)^2+(32-32)^2+\cdots+(36-32)^2}{7} \fallingdotseq 9.71$〔$°C^2$〕
一日の最高気温の標準偏差 $= \sqrt{\text{一日の最高気温の分散}} \fallingdotseq \sqrt{9.714} \fallingdotseq 3.12$〔°C〕

(2) 同様に，一日のアイスクリームの売上の平均値
$= \frac{52+60+64+58+46+46+59}{7} = 55$〔万円〕
一日のアイスクリームの売上の分散
$= \frac{(52-55)^2+(60-55)^2+\cdots+(59-55)^2}{7} \fallingdotseq 43.143 \fallingdotseq 43.14$〔万円^2〕
一日のアイスクリームの売上の標準偏差 $=$
$\sqrt{\text{一日のアイスクリームの売上の分散}} = \sqrt{43.143} \fallingdotseq 6.57$〔万円〕

問 5 基本的な考え方は前問と同じです．本問では，データ数は 10 です．

(1) 英語の点数の平均値 $= \frac{83+80+40+66+70+56+60+79+94+67}{10} = 69.5$〔点〕
英語の点数の分散 $= \frac{(83-69.5)^2+(80-69.5)^2+(40-69.5)^2+\cdots+(67-69.5)^2}{10}$
$= 214.45$〔点^2〕
英語の点数の標準偏差 $= \sqrt{\text{英語の点数の分散}} = \sqrt{214.45} \fallingdotseq 14.64$〔点〕

(2) 同様に，国語の点数の平均値
$= \frac{50+40+32+71+65+81+49+98+84+72}{10} = 64.2$〔点〕

国語の点数の分散

$= \frac{(50-64.2)^2+(40-64.2)^2+(32-64.2)^2+\cdots+(72-64.2)^2}{10} = 397.96$〔点^2〕

国語の点数の標準偏差 $= \sqrt{\text{国語の点数の分散}} = \sqrt{397.96} \fallingdotseq 19.95$〔点〕

(3) 平均点を見ると，英語の平均点の方が，国語の平均点に比べて5点以上上回っています．また，分散（標準偏差）を見ると，国語のテストの点数の方が，英語のテストの点数に比べると，ばらつきが大きいことがわかります．

8.3.2　第3章の解答と解説

問1 標準正規分布表で $Z = 2.58$ の値を読み取ります．$Z = 2.5$ の行と，$Z = 0.08$ の列が交わる箇所の値を読み取ると，.4951(= 0.4951) となります．したがって，求める面積は0.4951となります．

もしExcelのNORMDIST関数を用いて計算するのであれば，任意のセルに，"=NORMDIST(2.58, 0, 1, TRUE)−NORMDIST(0, 0, 1, TRUE)" と入力すると，$0.49506 \fallingdotseq 0.4951$ となり，標準正規分布表と同じ値が得られます．

問2 問1の結果から，標準正規分布で，$Z = 0$ から $Z = 2.58$ の間の面積は0.4951であることがわかりました．いま求める面積は，$Z \leqq 2.58$ となる領域の面積ですが，これは，標準正規分布で，$Z \leqq 0$ となる領域の面積から，先に求めた，標準正規分布で，$Z = 0$ から $Z = 2.58$ の間の面積を引けば良いわけです．標準正規分布が，$Z = 0$ を中心として左右対称の形状であり，また，標準正規分布全体の面積が1であることから，「標準正規分布で，$Z \leqq 0$ となる領域の面積」は，0.5となります．したがって，求める面積は，$0.5 - 0.4951 = 0.0049$ となります．

この状況を図示すると次の図のようになります．

もしExcelのNORMDIST関数を用いて計算するのであれば，任意のセルに，"= 1−NORMDIST(2.58, 0, 1, TRUE)" と入力すると，$0.00494 \fallingdotseq 0.0049$ となり，先程の値と同じ値が得られます．

これを図示すると次のようになります．

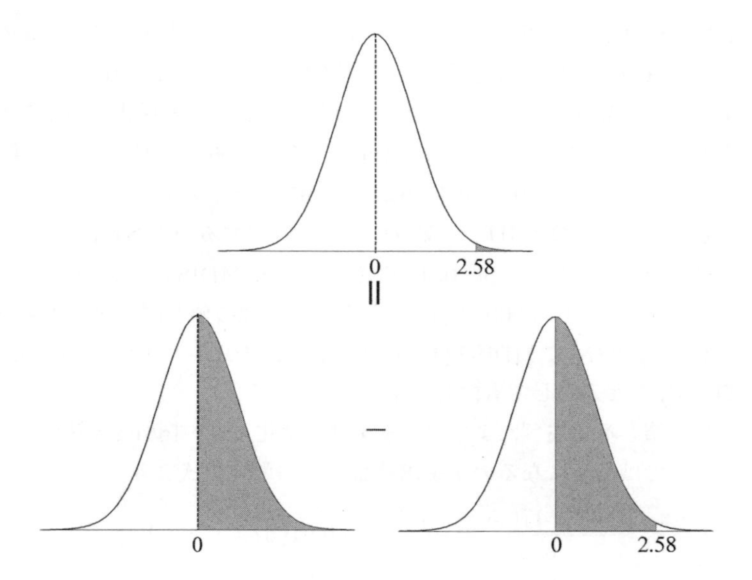

図 **8.1** 標準正規分布表に基づく考え方

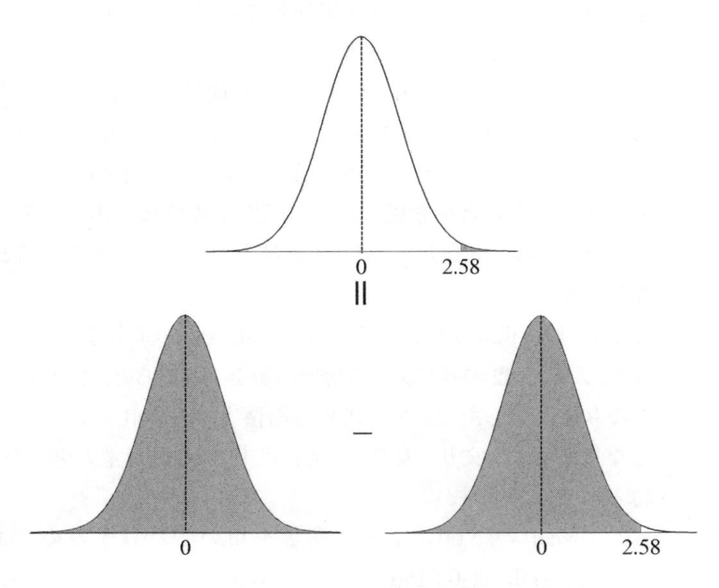

図 **8.2 NORMDIST** 関数に基づく考え方

問3 まず，標準正規分布表で $Z = 1.96$ の値を読み取ります．$Z = 1.9$ の行と，$Z = 0.06$ の列が交わる箇所の値を読み取ると，.4750(= 0.4750) となります．標準正規分布が，$Z = 0$ を中心として左右対称の形状であることから，この値を2倍すれば，求める $-1.96 \leqq Z \leqq 1.96$ の面積となります．したがって，求める面積は，$0.4750 \times 2 = 0.95$ となります．

もしExcelのNORMDIST関数を用いて計算するのであれば，任意のセルに，"=NORMDIST(1.96, 0, 1, TRUE)−NORMDIST(-1.96, 0, 1, TRUE)" と入力すると，$0.950004 \fallingdotseq 0.95$ となり，先程の値と同じ値が得られます．なお，"=2*(NORMDIST(1.96, 0, 1, TRUE)−NORMDIST(0, 0, 1, TRUE))" と入力しても同じです．

問4 (1) 第3章で述べたように，まずは標準化して，165 cm が標準正規分布では幾らになるのかを求めます．標準化の式より，

$$\frac{165 - 170.5}{6} = \frac{-5.5}{6} = -0.91667 \fallingdotseq -0.92$$

となります．つまり，平均170.5，標準偏差6の正規分布における $x = 165$ という点は，標準正規分布では $Z = -0.92$ という点に相当する，ということになります．

求めたいのは，「身長165 cm以下の20歳日本人男性の割合」ですから，これは，「標準正規分布において，$Z \leqq -0.92$ の面積」を求めることと同じです．標準正規分布が，$Z = 0$ を中心として左右対称の形状であることを考慮すると，標準正規分布全体の面積の半分である0.5から，$0 \leqq Z \leqq 0.92$ の面積を引けば，求める面積と同じになります．

そこで，標準正規分布表で $Z = 0.92$ の値を読み取ります．$Z = 0.9$ の行と，$Z = 0.02$ の列が交わる箇所の値を読み取ると，.3212(= 0.3212) となります．したがって，求める面積は，$0.5000 - 0.3212 = 0.1788$ となります．つまり，身長165 cm以下の20歳日本人男性の割合は，約18%となります．

もし Excel の NORMDIST 関数を用いて計算するのであれば，"=NORMDIST(-0.91667, 0, 1, TRUE)" と入力すると，0.179658 となります．

また，標準化をせず，元の「平均 170.5，標準偏差 6 の正規分布において 165 以下の面積の割合」を求めるとすると，"=NORMDIST(165, 170.5, 6, TRUE)" と入力すると，0.179659 となります．

(2) 問 1 と同様に，まずは標準化して，180 cm が標準正規分布では幾らになるのかを求めます．標準化の式より，

$$\frac{180-170.5}{6}=\frac{9.5}{6}=1.58333 \fallingdotseq 1.58$$

となります．つまり，平均 170.5，標準偏差 6 の正規分布における $x=180$ という点は，標準正規分布では $Z=1.58$ という点に相当する，ということになります．

求めたいのは，「身長 180 cm の 20 歳日本人男性は上位何%に属するか」ということですが，これは，「標準正規分布において，$Z \geqq 1.58$ の面積」を求めることと同じです．標準正規分布が，$Z=0$ を中心として左右対称の形状であることを考慮すると，標準正規分布全体の面積の半分である 0.5 から，$0 \leqq Z \leqq 1.58$ の面積を引けば，求める面積と同じになります．

そこで，標準正規分布表で $Z=1.58$ の値を読み取ります．$Z=1.5$ の行と，$Z=0.08$ の列が交わる箇所の値を読み取ると，0.4429 となります．したがって，求める面積は，$0.5-0.4429=0.0571$ となります．つまり，身長 180 cm の日本人男性は，上位 5.7%に属すると言えます．

もし Excel の NORMDIST 関数を用いて計算するのであれば，"=1-NORMDIST(1.58333, 0, 1, TRUE)" と入力すると，0.056673 となります．

また，標準化をせず，元の「平均 170.5，標準偏差 6 の正規分布において 180 以上の面積の割合」を求めるとすると，"=1-NORMDIST(180, 170.5, 6, TRUE)" と入力すると，0.056673 となります．

8.3.3 第 4 章の解答と解説

問 1 成績の分布は正規分布に基づいていると考えます．母標準偏差がわかっている状況で，母平均の存在する範囲を求める，ということになります．したがって，母平均は，$-1.96 \times \frac{(\text{母標準偏差})}{\sqrt{(\text{データ数})}} + (\text{標本平均})$ から $1.96 \times \frac{(\text{母標準偏差})}{\sqrt{(\text{データ数})}} + (\text{標本平均})$ の間に存在することになります．まず，標本平均を求めます．

$$
\begin{aligned}
(\text{標本平均}) &= \frac{70 + 85 + 60 + 45 + 90 + 63 + 94 + 48 + 57 + 79}{10} \\
&= 69.1\,〔\text{点}〕
\end{aligned}
$$

母標準偏差は 10〔点〕，データ数は 10〔人〕となります．したがって，母平均は，次の範囲に存在することになります．

$$
-1.96 \times \frac{10}{\sqrt{10}} + 69.1 \leqq (\text{母平均}) \leqq 1.96 \times \frac{10}{\sqrt{10}} + 69.1
$$

$\sqrt{10} = 3.162$ として計算すると，

$$
-1.96 \times \frac{10}{3.162} + 69.1 \leqq (\text{母平均}) \leqq 1.96 \times \frac{10}{3.162} + 69.1
$$

$$
62.901 \leqq (\text{母平均}) \leqq 75.299
$$

したがって，母平均点は，62.90 [点] から 75.30 [点] の間に存在する，ということになります．

問 2 この問題で得られている「標準偏差」とは，サンプリングされた 10 個の標準偏差を意味しています．問 1 とは異なり，この問題では，母集団の標準偏差は与えられていない設定です．したがって，不偏分散を求める必要があり，また，標準正規分布ではなく，t 分布を用いて信頼区間を求めることになります．

t 分布を用いて区間推定をする場合，

$-(t\ \text{値の境界値})\sqrt{\frac{(\text{不偏分散})}{(\text{データ数})}} + (\text{標本平均})$ と $(t\ \text{値の境界値})\sqrt{\frac{(\text{不偏分散})}{(\text{データ数})}} + (\text{標本平均})$ の間に母平均が存在すると考えるのでした．

まず，t 値の境界値を求めますが，サンプリングされた数が 10 個ですから，t 分布の自由度は $10 - 1 = 9$ となります．また，有意水準を 5%で考えますが，$p = 0.05$ のときの「全体の面積の 95%となる閾値」は 2.26 です．標本平均は問題文より 13〔g〕であることがわかります．

さて，いま，不偏分散を求めたいのですが，問題文で与えられているのは標準偏差（2〔g〕）です．したがって，標準偏差を参考にして，不偏分散を求める必要があります．標準偏差の式は，式 (2.3) より，

$$\sigma = \sqrt{\frac{1}{N}\sum_{i=1}^{N}(x_i - \bar{x})^2}$$

です．この式を二乗すると，

$$\sigma^2 = \frac{1}{N}\sum_{i=1}^{N}(x_i - \bar{x})^2$$

さらに，両辺に $\frac{N}{N-1}$ を掛けると，

$$\frac{N}{N-1}\sigma^2 = \frac{N}{N-1}\frac{1}{N}\sum_{i=1}^{N}(x_i - \bar{x})^2 = \frac{1}{N-1}\sum_{i=1}^{N}(x_i - \bar{x})^2 = s^2$$

となります．式 (3.2) も参考にすると，**不偏分散は，標本標準偏差の二乗（つまり標本分散）に** $\frac{N}{N-1}$ **を掛けた値になる**ことがわかります．これに沿って，不偏分散 s^2 を求めます．N は抽出したサンプル数（標本の大きさ）ですから，$N = 10$〔個〕となります．したがって，

$$(\text{不偏分散}) = \frac{10}{10-1} \times (\text{標本標準偏差})^2 = \frac{10}{10-1} \cdot 2^2 = \frac{40}{9}$$

となります．したがって，これを，t 分布を用いる場合の区間推定の式に用いることになります，t 値の境界値を求める必要がありますが，これは問1と同じです．サンプリングされた数が 10 個ですから，t 分布の自由度は $10 - 1 = 9$ となります．また，有意水準を 5%で考えますが，$p = 0.05$ のときの「全体の面積の 95%となる閾値」は 2.26 です．

$$-2.26 \times \sqrt{\frac{\frac{40}{9}}{10}} + 13.0 \leqq (\text{母平均}) \leqq 2.26 \times \sqrt{\frac{\frac{40}{9}}{10}} + 13.0$$

したがって，

$$-2.26 \times \frac{2}{3} + 13.0 \leqq (\text{母平均}) \leqq 2.26 \times \frac{2}{3} + 13.0$$

$$11.493 \leqq (\text{母平均}) \leqq 14.507$$

したがって，母集団，つまり，この寿司チェーン店で作っている握り寿司の重さの平均は，11.49〔g〕から 14.51〔g〕の間に存在する，ということになります．

問 3 問 2 と似た問題ですが，サンプリングした数が異なります．サンプリングした数が多いので，t 分布の自由度は ∞ と考えます．基本的な考え方は問 2 と同じです．t 分布の自由度が ∞ で，有意水準 5%，つまり，$p = 0.05$ のときの「全体の面積の 95%となる閾値」は 1.96 です．標本平均は問題文より 13〔g〕であることがわかります．また，標本標準偏差は 1.5〔g〕，データ数（標本の大きさ）は 200〔個〕となります．問 2 と同様に，不偏分散を求めると，$(\text{不偏分散}) = \frac{200}{199} \cdot 1.5^2$ となりますが，$\frac{200}{199} \fallingdotseq 1$ と考えて良いので，この場合は，不偏分散 $=$ 標本分散 として問題ありません．したがって，母平均は，次の範囲に存在することになります．

$$-1.96 \times \sqrt{\frac{1.5^2}{200}} + 13.0 \leqq (\text{母平均}) \leqq 1.96 \times \sqrt{\frac{1.5^2}{200}} + 13.0$$

$\sqrt{200} = \sqrt{2}\sqrt{100}$ であり，$\sqrt{2} = 1.4142$，$\sqrt{100} = 10$ なので，$\sqrt{200} = 14.142$ として計算すると，

$$-1.96 \times \frac{1.5}{14.142} + 13.0 \leqq (\text{母平均}) \leqq 1.96 \times \frac{1.5}{14.142} + 13.0$$

$$12.792 \leqq \mu \leqq 13.208$$

したがって，母集団，つまり，この寿司チェーン店で作っている握り寿司の重さの平均は，12.79〔g〕から 13.21〔g〕の間に存在する，ということになります．

問 2 と比較すると，サンプリングした数を増やしたことによって，信頼区間の幅が狭まったことがわかると思います．すなわち，サンプリングした数を増やすことによって，母平均の候補が絞られ，精度の良い推定ができるということがわかるでしょう．

問 4 この問題でも，母集団の標準偏差は与えられていない設定です．したがって，不偏分散を求める必要があり，また，標準正規分布でなく，t 分布を用いて信頼区間を求めることになります．

t 分布で，全体の面積の 95%となる閾値は，問 2 と同様に，サンプリングされた数が 10 個ですから，t 分布の自由度は $10-1=9$ となります．$p=0.05$ のときの「全体の面積の 95%となる閾値」は 2.26 です．標本平均は問題文より 405〔cm〕であることがわかります．
次に不偏分散を求めます．問 3 と同様に，

$$(\text{不偏分散}) = \frac{10}{10-1} \times (\text{標本標準偏差})^2 = \frac{10}{10-1} \cdot (1.0)^2 = \frac{10}{9}$$

となります．したがって，これを，t 分布を用いる場合の区間推定の式に用いると，

$$-2.26 \times \sqrt{\frac{\frac{10}{9}}{10}} + 405 \leqq (\text{母平均}) \leqq 2.26 \times \sqrt{\frac{\frac{10}{9}}{10}} + 405$$

したがって，

$$-2.26 \times \frac{1}{3} + 405 \leqq (\text{母平均}) \leqq 2.26 \times \frac{1}{3} + 405$$
$$404.247 \leqq (\text{母平均}) \leqq 405.753$$

したがって，母集団，つまり，この工場から出荷される木材の長さの平均は，404.25〔cm〕から 405.75〔cm〕の間に存在する，ということになります．問 2，問 3 と同様に，サンプリングする数をもっと増やせば，出荷される木材の長さの平均について，精度の良い推定ができます．

問 5 くじ引きで出た金券の額と枚数から，母集団の平均はどの程度の金額かを計算して，店主が言っていることと合致しているかを検討するという流れになります．このとき，信頼区間は 95%とします．
まず，この問題では，「60 人の客のくじ引きを観察した」とありますので，観察しているくじは，総数（母集団）から，60 個，ランダムサンプリングされた標本であると考えます．この 60 人の平均獲得金額 $\bar{x}$ は，

$$\frac{100 \times 21 + 500 \times 29 + 1000 \times 10}{60} = 443.333 \text{〔円〕}$$

となります．不偏分散の平方根は，

$$\sqrt{(\text{不偏分散})} =$$

$$\sqrt{\frac{1}{59}\{21 \times (100 - 443.333)^2 + 29 \times (500 - 443.333)^2 + 10 \times (1000 - 443.333)^2\}}$$

と計算でき，その値は，約 309.930〔円〕となります．
母集団の標準偏差（母標準偏差）がわからないので，この問題でも，t 分布を考えることになります．サンプリングされた数は 60〔人〕と考えると，自由度 ∞ の t 分布を考えて良いでしょう．t 分布の自由度が ∞ のとき，$p = 0.05$ のときの「全体の面積の 95%となる閾値」は 1.96 です．
以上より，母平均 μ は，次の範囲に存在することになります．

$$-1.96 \times \frac{309.930}{\sqrt{60}} + 443.333 \leqq (\text{母平均}) \leqq 1.96 \times \frac{309.930}{\sqrt{60}} + 443.333$$

$\sqrt{60} = 7.746$ として計算すると，

$$-1.96 \times \frac{309.930}{7.746} + 443.333 \leqq (\text{母平均}) \leqq 1.96 \times \frac{309.930}{7.746} + 443.333$$

$$364.910 \leqq (\text{母平均}) \leqq 521.756$$

したがって，母集団，つまり，このくじ引きによって得られる金額の平均は，364.91〔円〕から 521.76〔円〕の間に存在する，ということになります．店主が言う，「客がキャッシュバックされる金額」である 500〔円〕は，この間に存在するので，店主が言った「客がキャッシュバックされる金額は 500 円である」は正しいと判断できるでしょう．

8.3.4 第 5 章の解答と解説

本章の練習問題は，Excel の「分析ツール」を用いることを前提とし，解答と解説も，「分析ツール」を用いたことを前提とした書き方としています．

問 1 (1) 片側検定は，「比較対象とするものの大小関係を検定する」ときに用います．一方で，両側検定は，「比較対象とするものが互いに異なる（大きかろうと小さかろうと，多かろうと少なかろうと，どちらでも良い）

ことを検定する」ときに用います．片側検定，両側検定のどちらを使うか，ということについては決まりはなく，問題によって，どういう検定をしたいかで決めます．

この問題の場合は，「水投与の方が，アルコール投与に比べて，試験の成績が良い」もしくは「アルコール投与の方が，水投与に比べて，試験の成績が良い」という，大小関係があることを t 検定によって示すことが目的なので，片側検定を行うべきであると判断できます．

(2) 「アルコールの投与は判断力に有意な効果をもたらしたかどうか」という文言から，「水の投与とアルコール投与で判断力に差がある」つまり「水投与とアルコール投与で試験の成績に差がある」ことを調べたい（つまり，判断力の大小関係ではなく，差について調べたい）と思うかも知れません．

しかし，問題文には，「試験の成績が良いほど判断力が良い」とあります．判断力を評価する実験ですから，水投与の方が成績が良いと考えられ，一方，アルコール投与の方が，成績は悪くなると考えられます．このことから，調べたいことは，「水投与の方が，アルコール投与に比べて，判断力が高い」つまり「水投与の方が，アルコール投与に比べて，試験の成績が良い」ことになると考えられます．

以上より，帰無仮説 H_0 と対立仮説 H_1 は，次のようになります．

帰無仮説 H_0: 水投与とアルコール投与では，試験の成績に差がない

対立仮説 H_1: 水投与の方が，アルコール投与に比べて，試験の成績が良い

(3) 第 5 章の内容に沿って，次の手順で検定します．

手順 1 「実験協力者 No.」「水投与後の成績」「アルコール投与後の成績」のデータを入力します．ここでは，「実験協力者 No.」は A 列の 2〜11 行に入力されているとします．また，「水投与後の成績」は B 列，「アルコール投与後の成績」は C 列の，それぞれ 2〜11 行に入力されているとします．

	A	B	C
1	実験協力者No.	水投与後の成績	アルコール投与後の成績
2	1	17	15
3	2	15	11
4	3	11	10
5	4	19	16
6	5	14	13
7	6	19	14
8	7	13	11
9	8	15	15
10	9	17	15
11	10	14	12

手順 **2** 「データ」タブを選択し，「データ分析」をクリックします．

手順 **3** 「データ分析」ウインドウが表示されるので，「t 検定: 一対の標本による平均の検定」を選びます．その後，「OK」をクリックします．

手順 **4** 「t 検定: 一対の標本による平均の検定」ウインドウが表示されるので，「変数 1 の入力範囲 (1)」の入力欄をクリックした後，B2 セルから B11 セルまでドラッグします．入力欄に「$B$2:$B$11」が入力されていることを確認します．同様に，「変数 2 の入力範囲 (2)」の入力欄をクリックした後，C2 セルから C11 セルまでドラッグします．入力欄に「$C$2:$C$11」が入力されていることを確認します．有意水準は 0.05 にしますので，「α(A)」と書かれた箇所はこのままにしておきます．

手順 **5** 別のシートに，「t-検定: 一対の標本による平均の検定ツール」と書かれたシートが作成されます．

作成されたシートを元に見るべきところは先と同じで，

(1) 「P(T<=t) 片側」の値

(2) 「t」と「t 境界値 片側」の値

となります．(1) と (2) の場合それぞれについて説明します．

(1) 「t 検定: 一対の標本による平均の検定」のウインドウに示され

	A	B	C
1	t-検定: 一対の標本による平均の検定ツール		
2			
3		変数 1	変数 2
4	平均	15.4	13.2
5	分散	6.711111	4.4
6	観測数	10	10
7	ピアソン相関	0.821978	
8	仮説平均との差異	0	
9	自由度	9	
10	t	4.714286	
11	P(T<=t) 片側	0.000549	
12	t 境界値 片側	1.833113	
13	P(T<=t) 両側	0.001098	
14	t 境界値 両側	2.262157	

ていた α の値（ここでは 0.05）と，「P(T<=t) 片側」の値を比較します．ここでは，「P(T<=t) 片側」の値は 0.000549 であり，α の値である 0.05 より小さいので，帰無仮説は棄却でき，「水投与の方が，アルコール投与に比べて，試験の成績が良い」ことになります．

(2) 「t」値の絶対値と「t 境界値 片側」の値を比較します．ここでは，「t」値の絶対値は 4.714286 であり，「t 境界値 片側」の値である 1.833113 より大きいため，帰無仮説は棄却でき，「水投与の方が，アルコール投与に比べて，試験の成績が良い」ことになります．

結論として，「水投与の方が，アルコール投与に比べて，試験の成績が良い」つまり「水投与の方が，アルコール投与に比べて，判断力が高い」ことが言えます．

問 2 問 1 では小問 (1)〜(3) に分割して，流れに沿って進めましたが，本問も同様に，問 1 と同じ流れで進めます．

さて，この問題では，これまでやってきた問題とは，少し違います．第 5

章で取り上げた降圧剤投与前後での最高血圧の比較や，問 1 で取り上げた水投与とアルコール投与での判断力比較は，同じ人で 2 回計測したときのデータでした．一方で，この問題のように，デリバリーピザチェーン A のデータと，デリバリーピザチェーン B のデータは，全く異なる人や物で比較したデータです．

第 5 章で取り上げた，降圧剤投与前後での最高血圧の比較や，問 1 の内容のように，「同じ人で 2 回計測したときのデータの差」について検定することを，**「対応のある 2 標本」の t 検定**と言い，「全く異なる人や物で比較したデータの差」について検定することを，**「対応のない 2 標本」の t 検定**と言います．まずはここでの検定は「対応のある 2 標本」の t 検定か，「対応のない 2 標本」の t 検定のどちらになるかを考えます．デリバリーピザチェーン A と B のデータは，2 つの母集団（チェーン A の母集団とチェーン B の母集団）から抽出された標本であると考えると，ここでの検定は「対応のない 2 標本」の t 検定とすべきです．

次に，この検定は「片側検定」か「両側検定」のどちらかを考えます．ここでは，問題文より，「チェーン A とチェーン B の，注文を受けてから配達完了するまでの所要時間に差があると言えるかどうか」を検定したいわけです．つまり，所要時間の大小ではなく，違いがあるということだけを見たいわけですから，「両側検定」で考えて良いことになります．

最後に，帰無仮説と対立仮説を立てます．これまでの検討を踏まえると，

帰無仮説 H_0: デリバリーピザチェーン A と B が，注文を受けてから配達完了するまでの所要時間に差が無い

対立仮説 H_1: デリバリーピザチェーン A と B が，注文を受けてから配達完了するまでの所要時間に差がある

となります．これで準備はできました．「対応のない 2 標本の t 検定」であっても，「分析ツール」を用いて検定を行うことには変わりません．検定の手順は，第 5 章および問 1 (3) と，ほぼ同じです．

手順 **1** 「A」（デリバリーピザチェーン A が，注文を受けてから配達完了までの時間）「B」（デリバリーピザチェーン B が，注文を受けてから配達完了までの時間）のデータを入力します．ここでは，

「A」はA列の2〜8行に,「B」はB列の2〜8行に，それぞれ入力されているとします.

	A	B
1	A	B
2	19.3	23.4
3	25.1	22.6
4	15.9	17.4
5	21.5	15.7
6	20.5	20.9
7	18.8	18.1
8	16.9	16.2

手順 2 「データ」タブを選択し,「データ分析」をクリックします.

手順 3 「データ分析」ウインドウが表示されるので,「t 検定: 等分散を仮定した2標本による検定」を選びます．その後,「OK」をクリックします.

「対応のない2標本」についてt検定を行う場合は,「t 検定: 等分散を仮定した2標本による検定」か,「t 検定: 分散が等しくないと仮定した2標本による検定」の2種類があります．それぞれの標本の分散を見て，等分散を仮定するか，分散が等しくないと仮定するかを決める必要があります．ここでは，両方のデリバリーピザチェーンの配達完了までの時間にばらつきは無いと考え,「t 検定: 等分散を仮定した2標本による検定」とします[*2].

手順 4 「t 検定: 等分散を仮定した2標本による検定」ウインドウが表示されるので,「変数1の入力範囲(1)」の入力欄をクリックした後，A2セルからA8セルまでドラッグします.

入力欄に「$A$2:$A$8」が入力されていることを確認します．同様に,「変数2の入力範囲(2)」の入力欄をクリックした後，B2セルからB8セルまでドラッグします．入力欄に「$B$2:$B$8」が

[*2] F検定を行うと，両方のデリバリーピザチェーンの配達完了までの時間は等分散であることがわかります.

入力されていることを確認します．有意水準は 0.05 にしますので，「α(A)」と書かれた箇所はこのままにしておきます．

手順 5 別のシートに，「t-検定: 等分散を仮定した 2 標本による検定」と書かれたシートが作成されます．

	A	B	C
1	t-検定: 等分散を仮定した2標本による検定		
2			
3		変数 1	変数 2
4	平均	19.71429	19.18571
5	分散	9.381429	9.631429
6	観測数	7	7
7	プールされた分散	9.506429	
8	仮説平均との差異	0	
9	自由度	12	
10	t	0.320722	
11	P(T<=t) 片側	0.376969	
12	t 境界値 片側	1.782288	
13	P(T<=t) 両側	0.753937	
14	t 境界値 両側	2.178813	

作成されたシートを元に見るべきところは先と同じで，

(1) 「P(T<=t) 片側」の値
(2) 「t」と「t 境界値 片側」の値

となります．(1) と (2) の場合それぞれについて説明します．

(1) 「t 検定: 等分散を仮定した 2 標本による検定」のウインドウに示されていた α の値（ここでは 0.05）と，「P(T<=t) 両側」の値を比較します．ここでは，「P(T<=t) 両側」の値は 0.753937 であり，α の値である 0.05 より大きいので，帰無仮説は棄却できず，「デリバリーピザチェーン A と B が，注文を受けてから配達完了するまでの所要時間に差が無い」ことになります．

(2) 「t」値の絶対値と「t 境界値 両側」の値を比較します．ここでは,「t」値の絶対値は 0.320722 であり,「t 境界値 両側」の値である 2.178813 より小さいため，帰無仮説は棄却できず,「デリバリーピザチェーン A と B が，注文を受けてから配達完了するまでの所要時間に差が無い」ことになります．

結論として，デリバリーピザチェーン A と B が，注文を受けてから配達完了するまでの所要時間に差があるとは言えないことになります．

問 3 問 1，問 2 と同じ流れで進めます．

まず，この問題での検定が,「対応のない 2 標本」の t 検定か,「対応のある 2 標本」の t 検定のどちらになるかを考えます．キャンペーン前の売上の平均と，キャンペーン後の売上の平均は，同じ店舗を比較したデータなので，同じ店舗で 2 回計測したデータであると考えます．したがって，ここでの検定は「対応のある 2 標本」の t 検定と考えるべきです．

次に，この検定は「片側検定」か「両側検定」のどちらかを考えます．ここでは，問題文より,「キャンペーン広告の効果があった」こと，つまり,「キャンペーン広告を出した後の売上の平均の方が，キャンペーン広告を出すの前の売上の平均より多い」ことを検定したいわけです．つまり，単に売上に差があるということだけではなく，売上の大小を見たいわけですから,「片側検定」で考えて良いことになります．

最後に，帰無仮説と対立仮説を立てます．これまでの検討を踏まえると，

帰無仮説 H_0: キャンペーン広告を出す前後で一日の売上の平均に差が無い

対立仮説 H_1: キャンペーン広告を出した後の方が，キャンペーン広告を出す前よりも，一日の売上の平均が多い

これで準備はできました．あとは「分析ツール」を用いて検定を行うのみです．検定の手順は第 5 章，問 1(3) および問 2 と同じです．

手順 **1** 「店舗」「キャンペーン広告を出す前 5 日間の一日の売上の平均」「キャンペーン広告を出した後 5 日間の一日の売上の平均」のデータを入力します．ここでは,「店舗」は A 列の 2〜11 行に入力されているとします．また,「キャンペーン広告を出す前 5 日間の一日の売上の平均」は B 列,「キャンペーン広告を出した後 5 日

間の一日の売上の平均」は C 列の，それぞれ 2〜11 行に入力されているとします．

	A	B	C
1	店舗	キャンペーン前	キャンペーン後
2	A	75.5	77.9
3	B	82.1	80.3
4	C	69	71.4
5	D	79.5	79
6	E	72.8	75.4
7	F	85.4	86.7
8	G	76.9	78.2
9	H	88.2	86.3
10	I	76.3	78.1
11	J	80.2	81.4

手順 **2** 「データ」タブを選択し，「データ分析」をクリックします．

手順 **3** 「データ分析」ウインドウが表示されるので，「t 検定: 一対の標本による平均の検定」を選びます．その後，「OK」をクリックします．

手順 **4** 「t 検定: 一対の標本による平均の検定」ウインドウが表示されるので，「変数 1 の入力範囲 (1)」の入力欄をクリックした後，C2 セルから C11 セルまでドラッグします．入力欄に「$C$2:$C$11」が入力されていることを確認します．同様に，「変数 2 の入力範囲 (2)」の入力欄をクリックした後，B2 セルから B11 セルまでドラッグします．入力欄に「$B$2:$B$11」が入力されていることを確認します．有意水準は 0.05 にしますので，「α(A)」と書かれた箇所はこのままにしておきます．

手順 **5** 別のシートに，「t-検定: 一対の標本による平均の検定ツール」と書かれたシートが作成されます．

作成されたシートを元に見るべきところは先と同じで，

(1) 「P(T<=t) 片側」の値
(2) 「t」と「t 境界値 片側」の値

	A	B	C
1	t-検定: 一対の標本による平均の検定ツール		
2			
3		変数 1	変数 2
4	平均	79.47	78.59
5	分散	21.24456	33.06767
6	観測数	10	10
7	ピアソン相関	0.970711	
8	仮説平均との差異	0	
9	自由度	9	
10	t	1.646915	
11	P(T<=t) 片側	0.066991	
12	t 境界値 片側	1.833113	
13	P(T<=t) 両側	0.133981	
14	t 境界値 両側	2.262157	

となります．(1) と (2) の場合それぞれについて説明します．

(1) 「t 検定: 一対の標本による平均の検定」のウインドウに示されていた α の値（ここでは 0.05）と，「P(T<=t) 片側」の値を比較します．ここでは，「P(T<=t) 片側」の値は 0.066991 であり，α の値である 0.05 より大きいので，帰無仮説は棄却できず，「キャンペーン広告を出す前後で一日の売上の平均に差が無い」ことになります．

(2) 「t」値の絶対値と「t 境界値 片側」の値を比較します．ここでは，「t」値の絶対値は 1.646915 であり，「t 境界値 片側」の値である 1.833113 より小さいため，帰無仮説は棄却できず，「キャンペーン広告を出す前後で一日の売上の平均に差が無い」ことになります．

結論として，キャンペーン広告を出した後の方が，キャンペーン広告を出す前よりも，一日の売上の平均が多いとは言えず，「キャンペーン広告を出す前後で一日の売上の平均に差が無い」，つまり，キャンペーンの効果は無かったことになります．（但し，ひょっとしたら，もう少し日を経たら，効果が見られるかも知れません・・・？）

問 4 どこかで見たことのある問題ですね．第 2 章の冒頭で紹介した事例です．

ここまで学んで，初めて，第2章の冒頭で紹介したような，一見簡単そうな評価を，厳密に行うことができるのです．この問題も，問1，問2，問3と同じ流れで進めます．
まず，この問題での検定が，「対応のない2標本」の t 検定か，「対応のある2標本」の t 検定のどちらになるかを考えます．現行商品と，新商品は，同じ人で2回計測したデータであると考えます．したがって，ここでの検定は「対応のある2標本」の t 検定と考えるべきです．
次に，この検定は「片側検定」か「両側検定」のどちらかを考えます．ここでは，問題文より，「新商品の方が現行商品より高評価である」ことを検定したいわけです．つまり，単に点数に差があるということだけではなく，点数の大小を見たいわけですから，「片側検定」で考えて良いことになります．
最後に，帰無仮説と対立仮説を立てます．これまでの検討を踏まえると，
帰無仮説 H_0: 現行商品と新商品で点数に差が無い
対立仮説 H_1: 新商品が現行商品より点数が高い
これで準備はできました．あとは「分析ツール」を用いて検定を行うのみです．検定の手順は第5章，問1(3)，問2，問3と同じです．

手順 1 「評価者No.」「現行商品」「新商品」のデータを入力します．ここでは，「評価者」はA列の2〜31行に入力されているとします．また，「現行商品」はB列，「新商品」はC列の，それぞれ2〜31行に入力されているとします．

	A	B	C
1	評価者No.	現行商品	新商品
2	1	7	9
3	2	9	8
4	3	7	10
5	4	7	9
6	5	9	8
7	6	8	8
8	7	8	10
9	8	7	8
10	9	5	9

〉手順〉**2** 「データ」タブを選択し，「データ分析」をクリックします．

〉手順〉**3** 「データ分析」ウインドウが表示されるので，「t 検定: 一対の標本による平均の検定」を選びます．その後，「OK」をクリックします．

〉手順〉**4** 「t 検定: 一対の標本による平均の検定」ウインドウが表示されるので，「変数 1 の入力範囲 (1)」の入力欄をクリックした後，C2 セルから C31 セルまでドラッグします．入力欄に「$C$2:$C$31」が入力されていることを確認します．同様に，「変数 2 の入力範囲 (2)」の入力欄をクリックした後，B2 セルから B31 セルまでドラッグします．入力欄に「$B$2:$B$31」が入力されていることを確認します．有意水準は 0.05 にしますので，「α(A)」と書かれた箇所はこのままにしておきます．

〉手順〉**5** 別のシートに，「t-検定: 一対の標本による平均の検定ツール」と書かれたシートが作成されます．

	A	B	C
1	t-検定: 一対の標本による平均の検定ツール		
2			
3		変数 1	変数 2
4	平均	8.066667	7.533333
5	分散	0.891954	1.154023
6	観測数	30	30
7	ピアソン相関	-0.27417	
8	仮説平均との差異	0	
9	自由度	29	
10	t	1.810843	
11	P(T<=t) 片側	0.040269	
12	t 境界値 片側	1.699127	
13	P(T<=t) 両側	0.080537	
14	t 境界値 両側	2.04523	

作成されたシートを元に見るべきところは先と同じで，

(1) 「P(T<=t) 片側」の値
(2) 「t」と「t 境界値 片側」の値

となります．(1) と (2) の場合それぞれについて説明します．

(1) 「t 検定: 一対の標本による平均の検定」のウインドウに示されていた α の値（ここでは 0.05）と，「P(T<=t) 片側」の値を比較します．ここでは，「P(T<=t) 片側」の値は 0.040269 であり，α の値である 0.05 より小さいので，帰無仮説は棄却でき，「新商品が現行商品より点数が高い」ことになります．
(2) 「t」値の絶対値と「t 境界値 片側」の値を比較します．ここでは，「t」値の絶対値は 1.810843 であり，「t 境界値 片側」の値である 1.699127 より大きいため，帰無仮説は棄却でき，「新商品が現行商品より点数が高い」ことになります．

結論として，「新商品が現行商品より点数が高い」ことが言えるので，報告は正しいと考えて良いことになります．但し，この若手社員は，結果的に正しい報告になっただけであり，第2章の冒頭のように，単に 30 人のパネラーの平均点を比較して，「現行商品より新商品の方が美味しいと感じている」と報告したことは間違いでしょう．そのため，方法論については，後でダメ出しをされるべきかと思います．

8.3.5 第6章の解答と解説

問1 まずは Excel にデータを入力します．図のように，A2 セルから A48 セルに「都道府県名」，B2 セルから B48 セルに「軽三・四輪車シェア」，C2 セルから C48 セルに「最低賃金時間額」，D2 セルから D48 セルに「人口密度」のそれぞれの値を入力します．なお，見出しとして，A1 セルに「都道府県名」，B1 セルに「軽三・四輪車シェア」，C1 セルに「最低賃金時間額」，D1 セルに「人口密度」と入力しておくと良いでしょう．

(1) 「軽三・四輪車シェア」は B2 セルから B48 セルに，「最低賃金時間額」は C2 セルから C48 セルに入力されているので，適当なセル（例

	A	B	C	D
1	都道府県名	軽三・四輪車シェア	最低賃金時間額	人口密度
2	北海道	31.9	810	67.85
3	青森県	46.4	738	132.54
4	岩手県	45.7	738	82.15
5	宮城県	37.9	772	318.86
6	秋田県	46.8	738	85.53
7	山形県	45.3	739	118.14
8	福島県	41	748	136.58
9	茨城県	36.6	796	475.08
10	栃木県	36.2	800	306.17
11	群馬県	39.8	783	307.82
12	埼玉県	33.3	871	1924.19
13	千葉県	32.8	868	1212.94

えばE1セル）に，"=CORREL(B2:B48,C2:C48)" と入力しましょう．すると，相関係数が得られ，その値は-0.86程度になります．なお，「最低賃金時間額」を横軸に，「軽三・四輪車シェア」を縦軸とした散布図を作成すると，図のようになります．散布図については問題文で作成するよう指示はありませんが，相関係数が妥当かどうか，外れ値があるか無いかを確認するために，作成する癖をつけておきましょう．

散布図を見てみると外れ値は無いようです．では，先に出した相関係数を基に，「最低賃金時間額」と「軽三・四輪車シェア」の関係を考察しましょう．まず，相関係数が-0.86なので，かなり強い負の相関があります．つまり，「最低賃金時間額」が増加すれば，「軽三・

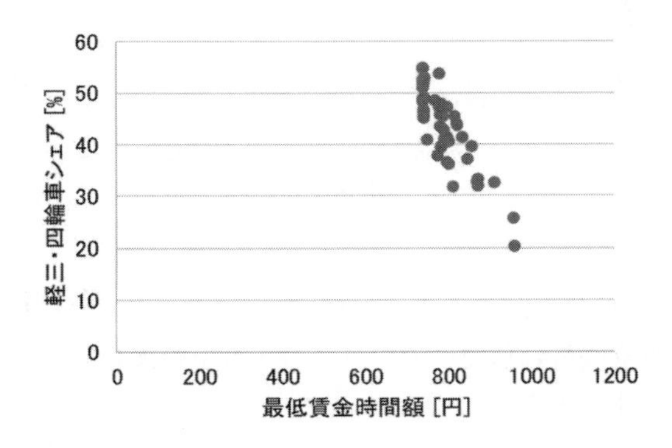

四輪車シェア」は減少することになります．言い換えれば，「最低賃金時間額」が低い程，「軽三・四輪車シェア」は増加しており，つまり，「最低賃金時間額」が低い地域では，軽三・四輪車のシェアは大きいものと示唆されます．

(2) (1) と同様に，「軽三・四輪車シェア」は B2 セルから B48 セルに，「人口密度」は D2 セルから D48 セルに入力されているので，適当なセル（例えば E2 セル）に，"=CORREL(B2:B48,D2:D48)" と入力しましょう．すると，相関係数が得られ，その値は-0.69 程度になります．

(3) 「人口密度」を横軸に，「軽三・四輪車シェア」を縦軸とした散布図を作成すると，図のようになります．
この散布図を見ると，人口密度 2,000〔人/m^2〕以上の点は外れ値として考えられそうです．そして，相関係数は-0.69 と，負の相関があると考えられますが，ひょっとしたら，この外れ値の影響で，実際よりも大きな値になっている可能性があります．したがって，外れ値を除去した上で，相関係数を再度算出することで，「人口密度」と「軽三・四輪車シェア」を正しく検討する必要があると考えられます．

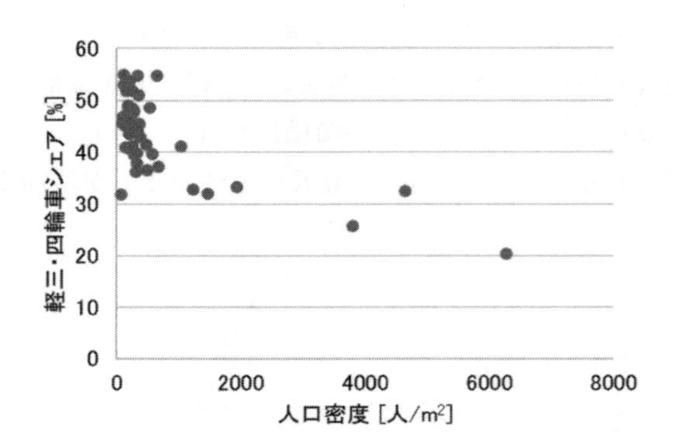

(4) (3) の結果を踏まえて，次の図において，丸で囲った 4 点が，とりわけ目立つ外れ値ですので，この 4 点を除去してもう一度相関係数を求めましょう．

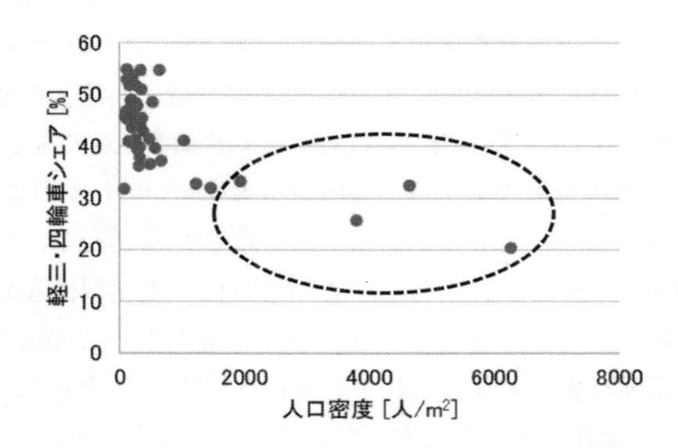

この 4 点は，「東京都」「神奈川県」「埼玉県」「大阪府」のデータに該当します．なお，「埼玉県」のデータは，人口密度 2000〔人/m^2〕以上ではありませんが，人口密度は 1,924.17〔人/m^2〕であり，2,000〔人/m^2〕に近い値なので，外れ値として含めることにします．B12, B14, B15, B28, C12, C14, C15, C28 のそれぞれのセルを空欄にし，(2) で相関を求めた際に用いた E2 セルの相関係数を確認しましょう．すると，相関係数は-0.48 程度に減少することがわかります．つまり，外れ値の影響で，本来の相関係数以上に大きな値が出ていたことになります．なお，参考までに，「東京都」「神奈川県」「埼玉県」「大阪府」のデータを除去した後の，「人口密度」と「軽三・四輪車シェア」の散布図を示します．

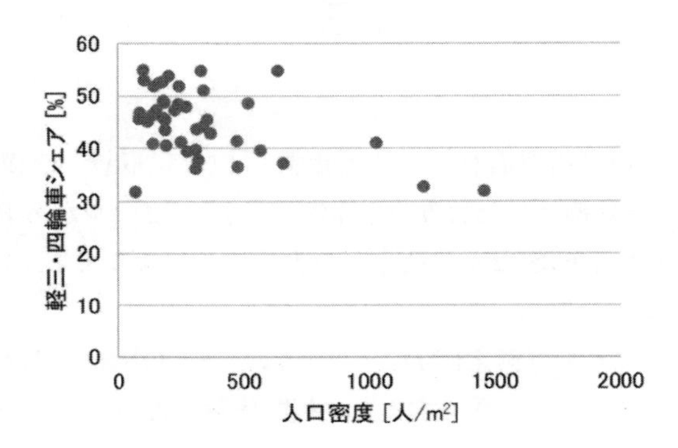

問2　まずはExcelにデータを入力します．図のように，B2セルからB38セルに「食塩摂取量」，C2セルからC38セルに「最高血圧」のそれぞれの値を入力します．また，B2セルからB18セルおよびC2セルからC18セルのデータは「喫煙習慣なし」群，B19セルからB38セルおよびC19セルからC38セルのデータは「喫煙習慣あり」群ですので，見やすくするために，A2セルからA18セルを結合し，このセルに「喫煙習慣なし」と記入しましょう．同様に，A19セルからA38セルを結合し，このセルに「喫煙習慣あり」と記入しましょう．なお，見出しとして，B1セルに「食塩摂取量」，C1セルに「最高血圧」と入力しておくと良いでしょう．

	A	B	C
1		食塩摂取量	最高血圧
2	喫煙習慣なし	5	102
3		8	109
4		14.2	99
5		10.1	99
6		12.3	110
7		11	130
8		10.1	93
9		6	111
10		14.4	113
11		7.2	105
12		15	114
13		13	106
14		10.2	125
15		9.3	118
16		7.5	123
17		7.9	94
18		8.1	125

(1)　37名の喫煙習慣有無を考慮せず，「食塩摂取量」を横軸に，「最高血圧」を縦軸とした散布図を作成します．B2セルからB38セルと，C2セルからC38セルの散布図を書くことになります．結果的に図のようになります．

(2)　適当なセル（例えばD1セル）に，"=CORREL(B2:B38,C2:C38)"と入力しましょう．すると，相関係数が得られ，その値は0.80程度になります．

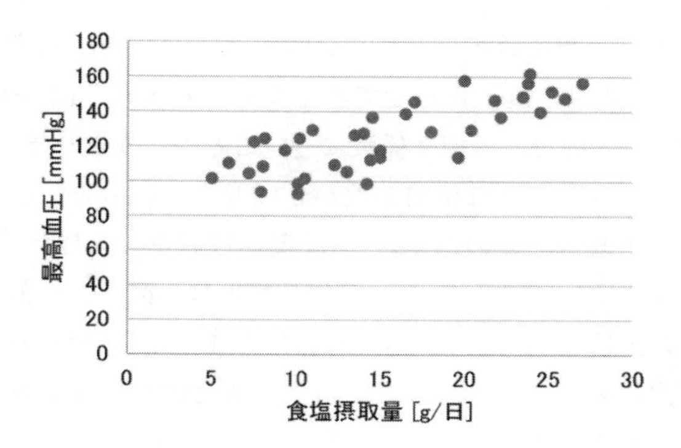

(3) 新たに散布図を作成します．まず，「喫煙習慣なし」群，つまり，B2 セルから B18 セル，C2 セルから C18 セルの散布図を作成します．その後，系列を追加して，「喫煙習慣あり」群，つまり，B19 セルから B38 セル，C19 セルから C38 セルを新たな系列として追加します（詳細な作成方法については省略します）．すると，結果的に図のようになります．

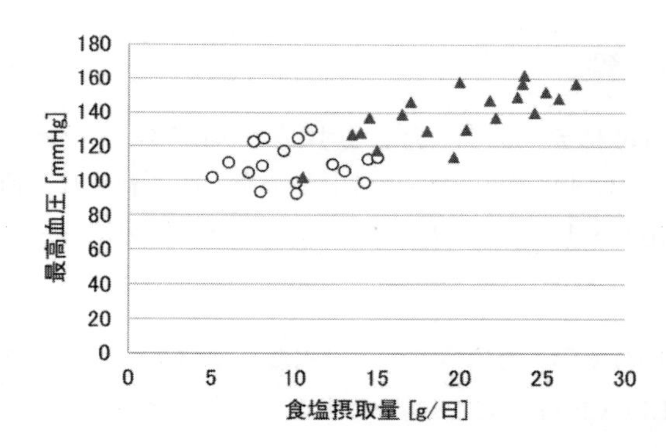

(4) まず，「喫煙習慣なし」群の相関係数を求めます．適当なセル（例えば D2 セル）に，"=CORREL(B2:B18,C2:C18)" と入力しましょう．すると，相関係数が得られ，その値は 0.03 程度になります．一方で，「喫煙習慣あり」群の相関係数を求めます．適当なセル（例えば D3 セル）に，"=CORREL(B19:B38,C19:C38)" と入力しましょう．す

ると，相関係数が得られ，その値は 0.74 程度となります．

さて，(2) の値と合わせて考えてみましょう．(2) の値は，「喫煙習慣あり」群だけの相関係数に近いことが示唆されます．一方で，「喫煙習慣なし」群は相関係数が 0 に近く，無相関と言っても差し支えありません．このことから，「喫煙習慣なし」群と「喫煙習慣あり」群をまとめて考えると，「喫煙習慣あり」群に引っ張られるため，必要以上に相関係数が大きくなってしまうことがわかります．つまり，実際は相関がないにも関わらず，あたかも相関があるように見えてしまうのです．これは，実際に，「喫煙習慣なし」群については，ほぼ無相関であることが裏付けになります．したがって，「喫煙習慣なし」群については，「食塩摂取量」と「最高血圧」の間には相関がなく，一方，「喫煙習慣あり」群については，「食塩摂取量」と「最高血圧」の間には相関が見られると言えます．特に，「喫煙習慣あり」群については，多く食塩を摂取する人は，最高血圧が高くなる傾向にあると示唆されます．

8.3.6 第 7 章の解答と解説

問 1 まずは Excel にデータを入力します．図のように，A2 セルから A15 セルに「気温」，B2 セルから B15 セルに「売上」のそれぞれの値を入力します．なお，見出しとして，A1 セルに「気温」，B1 セルに「売上」と入力しておくと良いでしょう．

(1) 前の章で学んだ内容です．適当なセル (例えば C1 セル) に，"=CORREL(A2:A15,B2:B15)" と入力しましょう．すると，相関係数が得られ，その値は 0.9 程度になります．

(2) まずは散布図を書きます．「気温」と「売上」の散布図を書くと，図のようになり．直感的にもかなりの相関関係が見られることがわかります．散布図を書かなくても (1) は解けますが，データを可視化すると傾向を直感的に把握しやすくなるので，まずは散布図を書くなど，可視化してみることが望ましいです．

	A	B
1	気温	売上
2	20.2	105,000
3	21.6	134,000
4	22.2	119,000
5	24	130,500
6	25.8	140,000
7	26.1	160,500
8	26.8	155,000
9	27.4	152,000
10	28	185,000
11	28.8	176,500
12	29	188,500
13	29.3	170,000
14	30.2	193,000
15	31.1	198,000

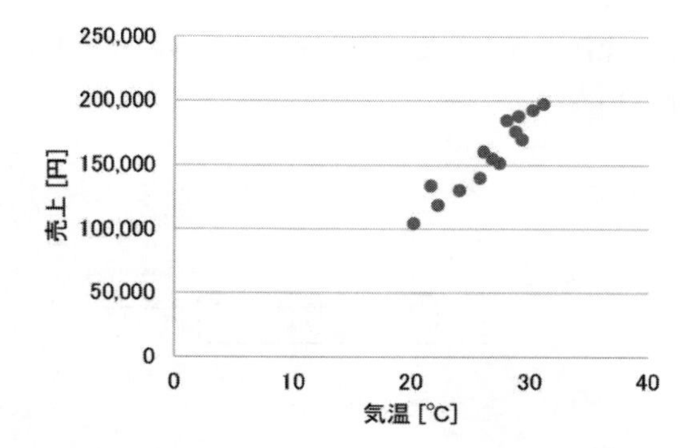

さて，この散布図を基にして，回帰直線を求めてみましょう．まず，作成した散布図のプロット（データを表す各点）上で右クリックをします．すると，メニューが出てきます．

このメニューの中から，「近似曲線の追加」を選び，クリックします．すると，Excel のウインドウの右側に，「近似曲線の書式設定」ウインドウが表示されます．このウインドウにおいて，次の操作を行います．

- 「線形近似」ラジオボタンを選択する
- 「グラフに数式を表示する」チェックボックスにチェックを入

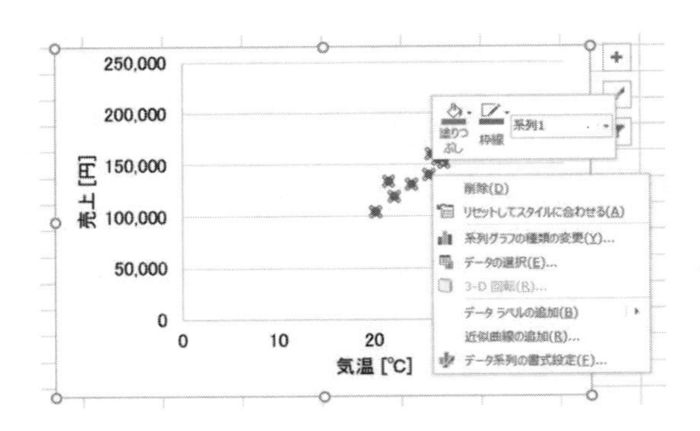

れる

・「グラフに R-2 乗値を表示する」チェックボックスにチェックを入れる

以上の操作を行った後，図のような状態になっていることを確認して下さい．

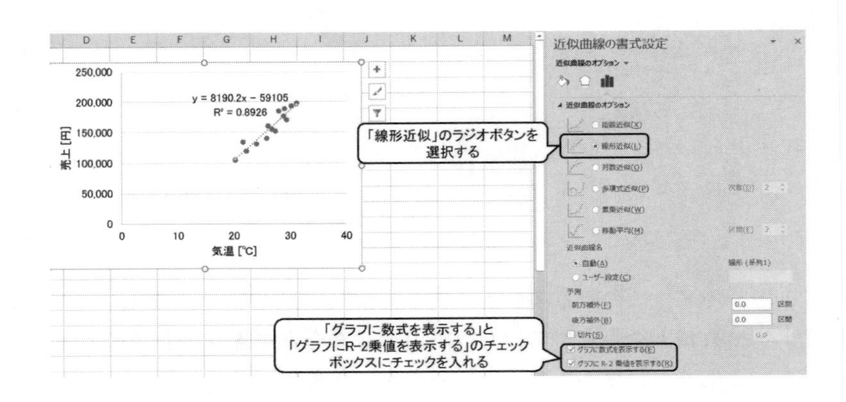

すると，先程作成した散布図の中に，”y = 8190.2x - 59105” と “R^2 = 0.8926” という文字が表示されます．このうち，”y = 8190.2x - 59105” が求める（単）回帰式になります．“R^2 = 0.8926” は決定係数です．

(3)　得られた（単）回帰式は，日本語を交えて表すと，(売上) = 8190.2 ×

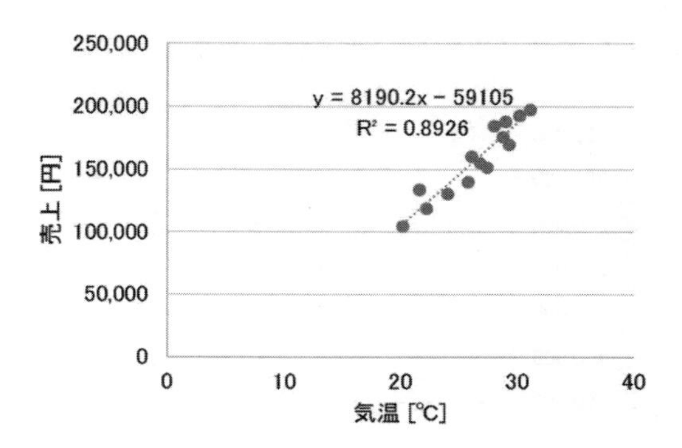

(気温) − 59105 となります．いま，25.5〔°C〕のときの売上を予測したいのですから，この（単）回帰式の x に，25.5 を代入した値を求めれば良いことになります．

適当なセル（例えば C2 セル）に，"=8190.2*25.5-59105" と入力しましょう．すると，25.5°C のときの売上の推定値が得られます．結果として，149,745〔円〕になることがわかります．

ただし，この回帰式は，全ての気温に対して成立するとは言い難いです．何故ならば，例えば気温 0°C のとき，つまり，x=0 を代入すると，売上は -59,105 円となってしまい，現実的ではありません．気温 0°C のときにもビールを飲む人は，多くはないものの，いないとは限らないため，ビールの売上（ビール単体の売上）がマイナス（つまり赤字）になるということは考えにくいためです．したがって，この回帰式は，ある気温以上で成り立つ（この問題だけで成り立つ）ものではないか，と，考えることができます．

問 2 まずは Excel にデータを入力します．A2 セルから A13 セルに「月」，B2 セルから B13 セルに「平均気温」，C2 セルから C13 セルに「課税移出（取引）数量」のそれぞれの値を入力します．なお，見出しとして，A1 セルに「月」，B1 セルに「気温」，C1 セルに「課税移出（取引）数量」と入力しておくと良いでしょう．

(1) まずは散布図を書きます．「平均気温」と「課税移出（取引）数量」

の散布図を書くと，図のようになります．

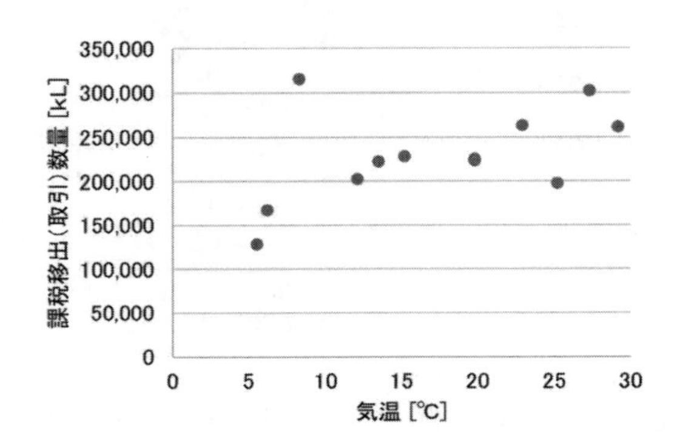

第 7 章もしくは問 1 の方法に則って，回帰直線を求めると，”y = 3116.7x + 175363” という回帰式が得られます．得られた（単）回帰式は，日本語を交えて表すと，(課税移出 (取引) 数量) = 3116.7 × (平均気温) + 175363 となります．なお，問 1 の方法に則って回帰直線を散布図中に示したものは図のようになります．

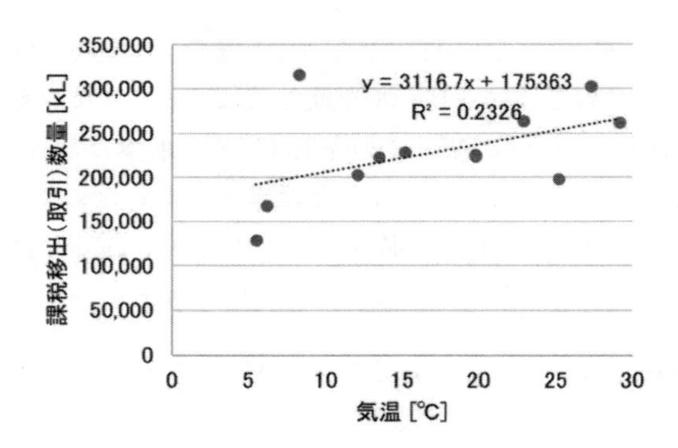

(2) 散布図および回帰直線の傾向から判断すると，平均気温が増加するに従って，課税移出（取引）数量も増加する傾向にあると考えられます．しかし，12 月の平均気温は 8.3〔°C〕であるにもかかわらず，平均気温が 27.3〔°C〕である 7 月以上の課税移出（取引）数量を示

しており，その値は 316,087〔kL〕になっています．この原因としては，12 月はお歳暮シーズンであり，贈答品としてビールが売れていることや，忘年会シーズンであることからビールの需要が増加していることが考えられます．そのため，平均気温が低い月であっても，ビールの課税移出（取引）数量が例外的に増加しているため，外れ値となっていることが示唆されます．

(3) (2) の結果を踏まえ，12 月のデータを除去して，再度回帰直線を求めましょう．(1) と同様に，第 7 章もしくは問 1 の方法に則って，回帰直線を求めると，"y = 4803.3x + 134762" という回帰式が得られます．得られた（単）回帰式は，日本語を交えて表すと，(課税移出 (取引) 数量) = 4803.3 × 平均気温 + 134762 となります．なお，問 1 の方法に則って回帰直線を散布図中に示したものは図のようになります．

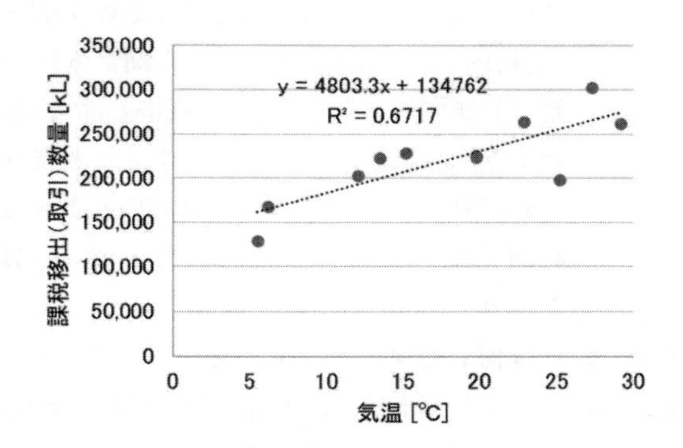

決定係数も併せて見ると，（単）回帰式が (1) とは大分変わっており，また，決定係数の観点から，データとの当てはまりも向上していることがわかります．外れ値がいかに影響を及ぼしているかということがわかるでしょう．

問 3 まずは Excel にデータを入力します．A2 セルから A31 セルに「価格」，B2 セルから B31 セルに「定格内容積」，C2 セルから C31 セルに「冷蔵室容積」，D2 セルから D31 セルに「年間電気代」のそれぞれの値を入力します．なお，見出しとして，A1セルに「価格」，B1セルに「定格内容積」，C1セルに「冷蔵室容積」，D1セルに「年間電気代」と入力しておくと良いでしょう．

(1) 分析ツールを使って重回帰分析を行ってみましょう．第7章と同様の手順となります．ここでは〉手順〉1（データの入力）は済んでいるので，〉手順〉2からとなります．

〉手順〉**2** 「データ」タブから「データ分析」を選びクリックします．

〉手順〉**3** 「データ分析」ウインドウで，「回帰分析」を選択し，「OK」を押します．

〉手順〉**4** 「回帰分析」ウインドウにて，「入力Y範囲」に目的変数の全データ（ここでは「価格」が目的変数であり，そのデータはA2セルからA31セルに入っているとします）を選びます．「入力X範囲」に説明変数の全データ（ここでは，「定格内容積」「冷蔵室容積」「年間電気代」の全てを説明変数とします）を選びます．「価格」はA列，「定格内容積」はB列，「冷蔵室容積」はC列，「年間電気代」はD列の，それぞれ2〜31行に入力されているとするので，「入力Y範囲」は，$A$2:$A$31，「入力X範囲」は，$B$2:$D$31となります．

〉手順〉**5** 他は何もせずに，「OK」をクリックします．

〉手順〉**6** 新しいシートに，次のような「概要」が表示されます．これが回帰分析の結果です．

次に，得られた回帰式について検証します．第7章で述べたように，着眼点は次の2点です．

1. 得られた回帰式がどのような式であるかを把握する
2. 回帰式の精度を確認する

まず，得られた回帰式がどのような式であるかを把握します．X値1は「定格内容積」，X値2は「冷蔵室容積」，X値3は「年間電気代」の係数であるので，得られた式を，日本語を織り交ぜて表現する

	A	B	C	D	E	F	G	H	I
1	概要								
2									
3	回帰統計								
4	重相関 R	0.933382							
5	重決定 R2	0.8712019							
6	補正 R2	0.8563405							
7	標準誤差	24419.979							
8	観測数	30							
9									
10	分散分析表								
11		自由度	変動	分散	則された分散	有意 F			
12	回帰	3	1.0488E+11	34958429406	58.622096	1.054E-11			
13	残差	26	1.5505E+10	596335375.1					
14	合計	29	1.2038E+11						
15									
16		係数	標準誤差	t	P-値	下限 95%	上限 95%	下限 95.0%	上限 95.0%
17	切片	124589.3	42167.3154	2.954641435	0.0065687	37913.139	211265.46	37913.139	211265.46
18	X 値 1	309.14856	163.400814	1.891964626	0.0696832	-26.72662	645.02374	-26.72662	645.02374
19	X 値 2	217.17068	361.008261	0.601567057	0.5526721	-524.8924	959.23379	-524.8924	959.23379
20	X 値 3	-18.77069	4.57581767	-4.10214906	0.000358	-28.17641	-9.364958	-28.17641	-9.364958

と，(価格) = 309.14856 · (定格内容積) + 217.17068 · (冷蔵室容積) − 18.77069 · (年間電気代) + 124589.3 と表現されます．

次に，得られた「概要」を確認します．

(1) 重決定 R2 と補正 R2

補正 R2 は 0.8563405 となっており，得られた回帰式は，元のデータの約 85.63%が説明できているということを意味しています．

(2) P-値

P-値については「切片」以外，「X 値」の箇所を見ます．ここでは「X 値 1」「X 値 2」「X 値 3」を見ましょう．P-値を見ると，「X 値 1」は 0.0696832，「X 値 2」は 0.5526721，「X 値 3」は 0.000358 です．「X 値 1」のみ 0.05 より小さいですが，「X 値 2」「X 値 3」は，ともに 0.05 より大きい値です．したがって，現状は，「X 値 1」「X 値 2」は外して考えるべき，となります．

(3) t（値）

t（値）についても「切片」以外，「X 値」の箇所を見ます．ここでは「X 値 1」「X 値 2」「X 値 3」を見ましょう．t（値）を見ると，「X 値 1」は 1.891964626，「X 値 2」は 0.601567057，「X 値 3」は-4.10214906 で，「X 値 3」は絶対値が 1.96 より大きいので，「X 値 3」の係数の信頼度は高いと言えますが，「X 値 1」と「X 値 2」の絶対値は 1.96 より小さいので，これらの係数の信頼度は高くありません．

以上では「X 値 1」「X 値 2」を外して考えるべき，という結論になりましたが，「X 値 1」は「定格内容積」，「X 値 2」は「冷蔵室容積」ですが，常識的に考えると，「定格内容積」や「冷蔵室容積」が大きければ，その分だけ価格に反映されますので，説明変数として外してしまうのは疑問が残ります．(2)(3) で，もう少し検討してみましょう．

(2) (1) で，「X 値 1」「X 値 2」が，常識的な考えと異なり，係数として信頼度が低くなった理由として，「X 値 1」「X 値 2」，つまり，「定格内容積」と「冷蔵室容積」の相関係数が大きく，多重共線性が生じているのではないか，ということが考えられます．そのために，それぞれの目的変数の相関係数を求めてみましょう．

しかし，「価格」と「定格内容積」，「価格」と「冷蔵室容積」，… というように，全ての組み合わせを考えて一々 CORREL 関数で計算するのも面倒です．そこで，ここでも「データ分析」を使いましょう．

〉手順〉 **1** 「データ」タブから「データ分析」を選びクリックします．

〉手順〉 **2** 「データ分析」ウインドウで，「相関」を選択し，OK を押します．

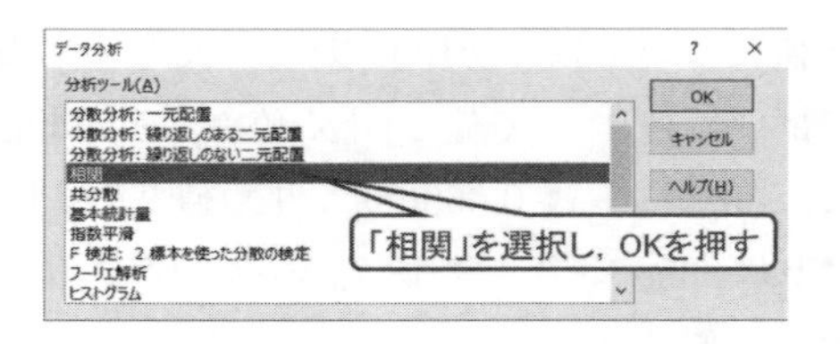

〉手順〉 **3** 「相関」ウインドウにて，「入力範囲」に目的変数および説明変数の全データ（「価格」「定格内容積」「冷蔵室容積」「年間電気代」）

を選びます.「価格」はA列,「定格内容積」はB列,「冷蔵室容積」はC列,「年間電気代」はD列の,それぞれ2〜31行に入力されているとするので,「入力範囲」は$A$2:$D$31となります.

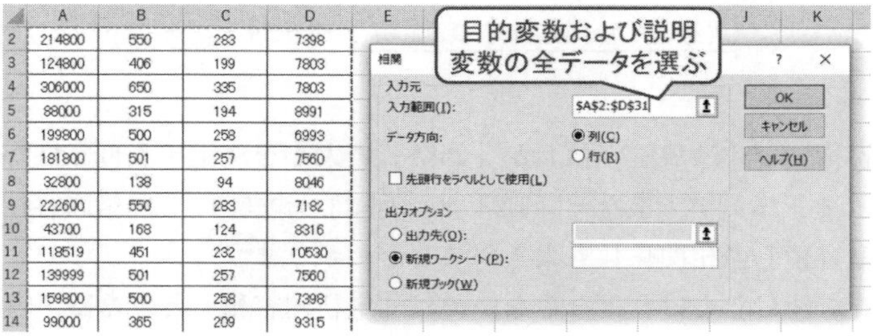

	A	B	C	D
2	214800	550	283	7398
3	124800	406	199	7803
4	306000	650	335	7803
5	88000	315	194	8991
6	199800	500	258	6993
7	181800	501	257	7560
8	32800	138	94	8046
9	222600	550	283	7182
10	43700	168	124	8316
11	118519	451	232	10530
12	139999	501	257	7560
13	159800	500	258	7398
14	99000	365	209	9315

手順 4 他は何もせずに,「OK」をクリックします.

手順 5 新しいシートに,次のような表が表示されます.これが全部の変数相互の相関です.ここで,「列1」は「価格」,「列2」は「定格内容積」,「列3」は「冷蔵室容積」,「列4」は「年間電気代」を意味しています.この表の見方ですが,例えば,「定格内容積」(=「列2」)と「冷蔵室容積」(=「列3」)の相関係数を比較する場合,「列2」と「列3」が交わっている場所の数値が,「定格内容積」と「冷蔵室容積」の相関係数となります.なお,各変数相互の相関を示したこの表を,**相関行列**といいます.Excelで表示される相関行列は,対角成分から下側のみ表示されており,上側は表示されていません.これは,相関行列は,対角成分に対して対称であるため,上側の表示を省略しているためです.(つまり,「列2」と「列3」の相関係数も,「列3」と「列2」の相関係数も,同じであるため,表示が煩雑にならないように,下側の表示だけにしている,というわけです.)

相関行列を見ると,「列1」と「列2」,「列1」と「列3」の相関係数が大きいことがわかります.つまり,「価格」と「定格内容積」,「価格」と「冷蔵室容積」の相関が強いことがわかります.とすると,言い換えると,「定格

	A	B	C	D	E
1		列 1	列 2	列 3	列 4
2	列 1	1			
3	列 2	0.8860064	1		
4	列 3	0.8507756	0.9738802	1	
5	列 4	−0.472249	−0.212607	−0.135774	1

内容積」と「冷蔵室容積」が「価格」の大小を決定する可能性があることが示唆されます．また，「列 2」と「列 3」，つまり，「定格内容積」と「冷蔵室容積」の相関係数も大きいことがわかります．

ここで注目しなければならないのは「定格内容積」と「冷蔵室容積」の相関が強いということです．これらの相関が強いということは，「冷蔵室の容積が大きくなれば，冷蔵庫の容積も大きくなる」，ということを言っているに過ぎないのですが，説明変数で用いている変数が相互に相関が強くなると，多重共線性の影響が現れます．この場合，「定格内容積」と「冷蔵室容積」間の相関が強いということが影響し，(1) で得られた回帰式において，「X 値 1」（定格内容積）と「X 値 2」（冷蔵室容積）の P-値や t 値に影響を及ぼしているということが考えられます．

(3) (1) および (2) で検討した結果を踏まえて，もう一度重回帰分析をやってみましょう．但し，(2) で，相関係数の観点から，「定格内容積」と「冷蔵室容積」の相関が強いということがわかりました．そこで，第 7 章で述べたように，多重共線性を解消するために，どちらかの変数を除去して考えましょう．ここでは，「冷蔵室容積」を除去してみましょう．なお，除去する変数はどちらでも構いませんが，「冷蔵庫を購入するときに，まず最初に気にするのは，定格内容積である」という仮説を立て，この仮説に基づいて，「定格内容積」を変数として残す（言い換えれば，「冷蔵室容積」を除去する）ことにします．

そこで，C 列を全て除去（C 列全てを選択し，右クリックして「削除」を選ぶ）します．結果的に，A2 セルから A31 セルに「価格」，B2 セルから B31 セルに「定格内容積」，C2 セルから C31 セルに「年間電気代」のそれぞれの値を入力されていることになります．

では，分析ツールを使って重回帰分析を行ってみましょう．第 7 章と同様の手順となります．ここでは〉手順〉1（データの入力）は済んでいるので，〉手順〉2 からとなります．

〉手順〉**2**「データ」タブから「データ分析」を選びクリックします．

〉手順〉**3**「データ分析」ウインドウで，「回帰分析」を選択し，「OK」を押します．

〉手順〉**4**「回帰分析」ウインドウにて，「入力 Y 範囲」に目的変数の全データ（ここでは「価格」が目的変数であり，そのデータは A2 セルから A31 セルに入っているとします）を選びます．「入力 X 範囲」に説明変数の全データ（ここでは，「定格内容積」「冷蔵室容積」「年間電気代」の全てを説明変数とします）を選びます．「価格」は A 列，「定格内容積」は B 列，「年間電気代」は C 列の，それぞれ 2〜31 行に入力されているとするので，「入力 Y 範囲」は，$A$2:$A$31，「入力 X 範囲」は，$B$2:$C$31 となります．

〉手順〉**5** 他は何もせずに，「OK」をクリックします．

〉手順〉**6** 新しいシートに，次のような「概要」が表示されます．これが回帰分析の結果です．

次に，得られた回帰式について検証します．ここでも，着眼点は次の 2 点です．

1. 得られた回帰式がどのような式であるかを把握する
2. 回帰式の精度を確認する

まず，得られた回帰式がどのような式であるかを把握します．X 値 1 は「定格内容積」，X 値 2 は「年間電気代」の係数であるので，得られた式を，日本語を織り交ぜて表現すると，(価格) $=$ 405.10208$\cdot$(定格内容積) $-$ 17.88635$\cdot$(年間電気代) $+$ 125455.18 と表現されます．

次に，得られた「概要」を確認します．

(1) 重決定 R2 と補正 R2

補正 R2 は 0.8597358 となっており，得られた回帰式は，元のデータの約 86.0%が説明できているということを意味しています．

	A	B	C	D	E	F	G	H	I
1	概要								
2									
3	回帰統計								
4	重相関 R	0.9324211							
5	重決定 R2	0.8694092							
6	補正 R2	0.8597358							
7	標準誤差	24129.683							
8	観測数	30							
9									
10	分散分析表								
11		自由度	変動	分散	観測された分散比	有意 F			
12	回帰	2	1.0466E+11	52329742315	89.87633629	1.161E-12			
13	残差	27	1.5721E+10	582241605.2					
14	合計	29	1.2038E+11						
15									
16		係数	標準誤差	t	P-値	下限 95%	上限 95%	下限 95.0%	上限 95.0%
17	切片	125455.18	41641.7641	3.012724827	0.005569112	40013.334	210897.02	40013.334	210897.02
18	X 値 1	405.10208	35.0422209	11.56039968	5.80096E-12	333.20138	477.00278	333.20138	477.00278
19	X 値 2	-17.88635	4.28173833	-4.17735764	0.000276409	-26.67175	-9.100951	-26.67175	-9.100951

(2) P-値

P-値については「切片」以外，「X 値」の箇所を見ます．ここでは「X 値 1」「X 値 2」を見ましょう．P-値を見ると，「X 値 1」は 5.80096×10^{-12}，「X 値 2」は 0.000276409 です．全ての変数が 0.05 より小さいため，これらの係数の信頼性は高いと判断できます．

(3) t（値）

t（値）についても「切片」以外，「X 値」の箇所を見ます．ここでは「X 値 1」「X 値 2」を見ましょう．t（値）を見ると，「X 値 1」は 11.56039968，「X 値 2」は-4.17735764 で，ともに X 値は絶対値が 1.96 より大きい結果となりました．したがって，これらの係数の信頼度は高いと判断できます．

ここまでの検討結果から，得られた回帰式は信頼できるものと結論することができます．得られた式，(価格) $=$ 405.10 $\cdot$ (定格内容積) $-$ 17.89 $\cdot$ (年間電気代) $+$ 125455.18 を睨んでみると，定格内容積が大きい（つまり大容量）の冷蔵庫ほど高価格で，また，年間電気代が抑えられるほど高価格である，ということがわかります．このことは，我々の経験則に基づく価格設定に照らし合わせても，強ちかけ離れておらず，合致しているとみなすことができます．

参 考 文 献

本書を執筆するにあたって，下記書籍を参考にさせて頂きました.

内田学，兼子良久，斉藤嘉一：文系でもわかる ビジネス統計入門，東洋経済新聞社，2010

小島寛之：完全独習 統計学入門，ダイヤモンド社，2007

向後千春，冨永敦子：統計学がわかる，技術評論社，2008

公益社団法人自動車技術会：自動車技術ハンドブック 人間工学編，公益社団法人自動車技術会，2016

嶋崎恒雄，三浦麻子：心理統計Ｉ 記述統計とｔ検定，培風館，2015

索　　引

か行

さ行

た行

は行

ま行

や行

ら行

欧文・記号

〈著者略歴〉
荒川俊也（あらかわ　としや）
2001 年　早稲田大学　理工学部機械工学科卒業
2003 年　東京大学大学院　総合文化研究科広域科学専攻　博士前期課程修了
2003 年　富士重工業株式会社（現：株式会社 SUBARU）　スバル技術研究所
2012 年　総合研究大学院大学　複合科学研究科統計科学専攻　博士後期課程修了
　　　　 博士（学術）
2013 年　愛知工科大学　工学部機械システム工学科　准教授
2016 年　愛知工科大学　工学部機械システム工学科　教授
2018 年　愛知工科大学　高度交通システム研究所　所長
現　在　愛知工科大学　工学部機械システム工学科　教授
　　　　 愛知工科大学　次世代自動車システム研究所　所長
専　攻　自動車人間工学，統計科学，機械学習

著書：
『AI エンジニアのための統計学入門』科学情報出版株式会社 2020

本文イラスト：黒渕かしこ

Excel によるやさしい統計解析
―分析手法の使い分けと統計モデリングの基礎―

2020 年 10 月 7 日　　第 1 版第 1 刷発行

著　者　荒川俊也
発行者　村上和夫
発行所　株式会社 オーム社
　　　　郵便番号　101-8460
　　　　東京都千代田区神田錦町 3-1
　　　　電話　03(3233)0641(代表)
　　　　URL　https://www.ohmsha.co.jp/

印刷・製本　三美印刷
ISBN978-4-274-22612-0　Printed in Japan